智由行生
生物行为启迪的人工智能

冀俊忠　编著

科学出版社

北京

内 容 简 介

本书系统、全面地对多种生物的群体行为、自然机理及其衍生的人工智能——群智能算法进行了阐述，是一本对人工智能算法进行溯源的科普书。全书内容分 8 篇，33 章。每章内容相对独立，首先从童年往事、生活经历、民间小故事或社会趣闻入手，为读者引出一些有鲜明特征的生物；然后，介绍相应生物所具有的独特群体行为及其生物学机理；最后，通过对这些行为机理的计算机模拟，给出相应的群智能算法。本书结尾从群智能寻优的角度给人们创新和学习带来的启迪进行了一定的诠释。

这本书既可作为初高中人工智能基础教育的启蒙教材或参考书，也可作为人工智能通识教育的科普读物。此外，本书较系统地给出了多种群智能算法的整体框架和流程，也能给群智能算法的初学者和爱好者带来一定的启发和帮助。

图书在版编目（CIP）数据

智由行生：生物行为启迪的人工智能 / 冀俊忠编著. -- 北京：科学出版社，2025.2. -- ISBN 978-7-03-081212-4

Ⅰ. TP18-49

中国国家版本馆 CIP 数据核字第 2025DS1421 号

责任编辑：冯 涛 袁星星 杜可欣 / 责任校对：王万红
责任印刷：吕春珉 / 封面设计：东方人华平面设计部

科 学 出 版 社 出版

北京东黄城根北街 16 号
邮政编码：100717
http://www.sciencep.com

北京中科印刷有限公司印刷

科学出版社发行 各地新华书店经销

*

2025 年 2 月第 一 版 开本：787×1092 1/16
2025 年 6 月第二次印刷 印张：11 1/2
字数：264 000

定价：78.00 元

（如有印装质量问题，我社负责调换）

销售部电话 010-62136230 编辑部电话 010-62138978-2047

序

特别给年轻读者，包括小朋友读者的建议：

冀俊忠教授的《智由行生：生物行为启迪的人工智能》可谓是一本非常有特色的跨领域著作。你说这是科学著作吧，它却是满篇鸟语花香、蚁走蜂舞，娓娓道来，好像是一部童话作品，正在给小朋友讲故事。你说它不过是童话作品吧，它带来的生物界知识又非常丰富：蚂蚁如何精准觅食；蜜蜂怎样成双结对；野兔机警，狡兔三窟；飞蛾献身，月光导航；果蝇传代，由此导出一门学问；鲸鱼仗义，救人奋不顾身。这样的精彩故事恐怕在童话世界里也不易找到。但是这些"故事"又不是童话，而是真正的科学。不仅如此，那些看上去活泼可爱、多姿多彩的动物群体行为，居然还给善于总结和分析的信息科学领域的专家带来了灵感。生物的自发行为升华为科学家案头的群智能算法，循环、迭代、优化等一连串的科学词汇扑面而来。像这种童话形式的科普著作，让单纯的童话作家去写是很难的，让单纯的科学家去写也是很难的。即便是懂科学，又热爱童话的人，也不一定能把两者结合得这么好。寓学理于童心之中，正是本书的主要特色。

在欣赏各种各样的群智能算法设计巧妙、效率高超之际，读者，特别是年轻读者可能会不约而同地想到一些问题：这些五花八门的生物群智现象，是如何触发科学家的才思，推动他们编制出这些精妙的算法的？前人开辟的这一重要科研领域，我们后人还能够继续跟进，创造更大的辉煌吗？本书的介绍不但体现了群智能算法研究的科学成就，而且还提示了后来者应该如何跟进。我建议不太熟悉此行的读者不要对书中的理论（算法）部分望而生畏，更不要仅仅把本书当作童话和趣闻来读。从发现生物界的群智行为到最后形成群智能算法，需要投入者具备一系列的科研能力，不是轻易可以做到的。

第一是观察能力。观察能力是科学家最重要的科研能力之一。历史上有许多著名例子。弗莱明因观察到实验室培养皿中细菌的死亡而发现了青霉素。彭齐亚斯和威尔逊因观察到一种他们无法解释的由天线接收到的持续背景噪声而帮助另外两名科学家迪克和皮布尔斯发现了著名的宇宙背景微波辐射。如果这几位学者发现异常后不是坚持观察，科学分析，而是轻易放过，那么这样重要的发现可能会推迟很多年面世。同样，本书作者如果没有童年时蹲在地上观察蚂蚁搬家的经历，也就不一定在教授岗位上还念念不忘这些小家伙的行为带来的启示，并写出如此生动形象的科学专著。

第二是抽象能力。这也是科学家最重要的品质之一。历史上，伽罗瓦从多项式方程求解问题出发，抽象出了群的概念，从而不仅一举解决了原来的问题，还对整个数学的发展起了极大的推动作用。许多问题，往往到了抽象的层次以后才能看到它的意义。从看似无序的集群行为中提取出有序特征，又从有序特征的出现过程中发现其从无序到有序的原因。这是科学研究的关键一步。以发现蚁群行动规律的过程为例：蚁群觅食的路线不会无缘无故地最优化。信息素的发现起了重要作用。在相同的时间内，来往于较短路线上的蚂蚁必然遍历次数多，因而留下的信息素也多，对后来蚂蚁的召唤力也强。于是，蚂蚁们纷纷从善如流，逐渐"收敛"到最佳路径上去。这是对计算机科学家设计算法的重大启示。

第三是联想能力。无论牛津大学校门前的那棵苹果树是否真的被牛顿本人观察过，因观察苹果落地而产生万有引力假设的佳话却始终向人们提示着联想在科学研究上的意义。对于群智能算法研究来说，联想是很重要的一步。从蚁群觅食联想到路径优化，从蚂蚁拾尸联想到对象聚类。更进一步，又从路径优化联想到旅行商问题，从对象聚类联想到网格点表示。这些虽然都是计算中的技巧，但也可以看成是一种思维规律。引进这些规律可以促成新的独立算法的提出，但也可以将这些规律加入原有的一些典型问题和典型算法中，提升原来算法的效率或优化程度。正如本书介绍的，把蚁群优化算法的思想加入旅行商问题中，使求解该问题的思想焕然一新，并且很快出现了许多新的优化应用，影响极广，就是一种典型的联想。

第四是创新能力。首先要说明，把创新能力放到这里才说，并非表示它的重要性一定在上述几种能力之后。这是根据科学思考的层次而来的。其次，我们更不能说前面几种思考都不具创新性。此处想说的是：我们能不能在前人工作的基础上发现更广、更高层次的智能来源？创新也有类别之分。应用创新是把已有算法推广到更多的领域，思源创新是发现更多的生物智能。这里我有意不提"群体"，因为单个生物的行为也可以体现出智能。特别是不同生物之间存在着生存竞争，因此就有一个博弈问题。例如，夏天单个蚊虫来袭，它就要追踪人的气味，并在攻击路线上避开人的拍打，形成人蚊对抗。同样的对抗存在于猫鼠之间、食肉类动物和食草类动物之间，甚至是微生物间，如本书提到的细菌、病毒和一般生物之间。"物竞天择，适者生存"是这类对抗共有的特点。其中，博弈论的思想和策略应该是对抗性群智的有益分析工具。我相信这一类研究也应该列入群智能算法的范围。

说到这里，我们要提起一个概念，就是自组织。这个概念来自系统科学。不完全严格地说，它指的是在一个系统内部，在收到某种外部信息的驱动之下，其内部结构会发生某种调整，一般来说是从无序向有序调整。本书谈到的蚁群、蜂群、鸟群可以看成是一个个松散的系统。组织松散的蚂蚁、蜜蜂、大雁会在行动（觅食、攻击、迁移等）过程中组织成有序的队伍。这个序原来没有，而是在行动过程中自动产生的。产生过程也有一个名字，叫作涌现。本书描述的各种群智现象都是系统产生涌现的结果。系统科学家把自组织和涌现列为重要的研究对象。有关学者在设计各种群智能算法时实际上已经编程了自组织和涌现类概念的应用，只是可能没有直接引用和讨论这些概念，但它们确实对于研究和应用群智现象有很大帮助。

自组织行为也不一定成功。相反，已有的自组织可能还会被拆散。我不知道是否有人向飞过的雁群开过枪。如果发生了这种情况，有序的雁群是否会变得混乱，从而四散奔飞，形成一种类似混沌的局面？对于这种情况，可以有两种解释。一种是自组织过程被破坏了，还有一种是自组织过程的结局本来就不是唯一的。有专家认为：自组织行为由两种相反的力量组成：吸引力和抗拒力。自组织结局是这两种力量此消彼长的结果。例如，当一个群体稀疏时，外来的成员容易被接纳；而当一个群体已经很稠密，甚至拥挤时，就会对外来客体产生排斥行为。在这里，量变引起质变的辩证法原理又起着作用。这些思考看上去好像纸上谈兵，但实际上并非是纯抽象讨论。所述各种因素是都可以考虑吸收进群智能算法中去的。

最后说一句："百花齐放，推陈出新。"这句话原本是毛主席为戏曲艺术家指出的道路，我觉得应该也是科学家不断创新的一种关键思路。

中国科学院院士 陆汝钤

2023 年 12 月 8 日

前　言

1. 人工智能的近期发展

2006 年，杰弗里·辛顿（Geoffrey Hinton）等在 *Science* 上发表了一篇关于深度学习概念及其梯度消失解决方法的文章。该研究方法的提出引起计算机、通信、控制等诸多学科研究者对深度学习理论和方法的广泛关注，世界各大科研机构、高等院校、知名企业纷纷投入巨大的人力、财力进行相关技术的研究，直接推动了近年来人工智能及其应用的进步和发展。

下面，我们以谷歌公司人工智能实验室 DeepMind 团队的研究为例，概览深度学习近期掀起的这波研究热潮。2016 年，DeepMind 团队开发的深度学习围棋软件 AlphaGo 在围棋人机大战中击败了韩国围棋大师李世石。之后的一年间，该软件的增强版 Master 又相继击败了包括中国围棋大师柯洁在内的 15 位世界冠军，取得了 60 连胜。2017 年 12 月，DeepMind 团队发表新论文，提出了强化学习版的 AlphaZero 软件，该软件能够从零基础开始凭借自我对弈的强化学习算法在围棋、国际象棋、将棋等多种棋类任务上达到超越人类顶级水平的棋力。2020 年 12 月，DeepMind 团队发布了 MuZero 软件，在保持人类顶级水平的前提下将 AlphaZero 软件扩展到了 30 多款雅达利游戏中。2022 年 2 月，DeepMind 团队又发布了一款能够自动编程的软件——基于多头注意力机制 Transformer 模型的 AlphaCode，该软件所编写的计算机程序可以与人类相媲美。同年 7 月，DeepMind 团队在 *Nature Human Behaviour* 上发表文章，介绍了一种能够学习常识（直观物理学）的深度学习 PLATO 系统，该系统能够模仿婴儿进行思考从而理解常识。2022 年 10 月，DeepMind 团队发布了 AlphaTensor 软件，利用强化学习发现了更高效的矩阵乘法，打破了人类在矩阵乘计算速度上尘封 50 年的纪录。2023 年 12 月，DeepMind 团队推出了多模态人工智能大模型 Gemini，能够处理文本、图像、音频、视频和代码 5 种模态，进行复杂的多模态推理。由此可见，伴随深度学习的推广和普及，人工智能又一次迎来了一个快速发展的春天。

在我国，2017 年 3 月人工智能首次被写入国务院政府工作报告。同年 7 月，国务院又印发了《新一代人工智能发展规划》，标志着推动人工智能的发展已上升到国家战略高度。2018 年 10 月 31 日，中共中央政治局就人工智能发展现状和趋势举行了第九次集体学习，习近平总书记发表了关于人工智能与科技发展的重要讲话，强调"人工智能是新一轮科技革命和产业变革的重要驱动力量，加快发展新一代人工智能是事关我国能否抓住新一轮科技革命和产业变革机遇的战略问题"。2024 年 3 月，"人工智能 +"

行动首次写入国务院政府工作报告。综上可见，人工智能已成为我国未来科技、经济和社会发展的核心源动力。

2. 人工智能的基础教育

在全球人工智能快速发展的大背景下，人工智能如何赋能基础教育成为世界各国政府广为关注的一个重要问题。教育部在近年中小学的课程修订中已经做出了相应的重要调整。2017 年，在新修订的《普通高中信息技术课程标准》中，明确设置了"人工智能初步"模块。2019 年初，又进一步将人工智能的教育内容纳入初中阶段的"信息科技"课程中。在此教育战略布局的积极推动下，全国各省市区县的各类中学相继开设了人工智能课程，初、高中人工智能的教育进入了高速发展的新时期。

然而，人工智能是一个涉及数学、哲学、心理学、神经科学、计算机科学、控制科学等多学科的交叉学科，其内涵的理论、方法和技术博大精深，想要系统地理解人工智能的原理需要不少相关学科的基础知识。记得 2000 年，当我准备参加北京工业大学计算机应用技术专业的博士研究生招生考试时，人工智能原理是专业考试科目之一。尽管我在北京工业大学自动化系读硕士的研究课题是"隧道窑的模糊智能控制"，有一定的人工智能相关研究基础，但在自学人工智能教材时，对初次接触的人工智能理论、方法和算法仍然感到耗时费力，有些力不从心。主要原因是人工智能的很多知识逻辑性强且比较抽象，不是很容易被初学者所理解。对于中学生来说，他们已掌握的知识体系比较基础，因此学习人工智能所需的前修课程知识相对匮乏。在这种知识背景下，如果能够结合初高中学生的认知水平和特点来引导他们比较自然地走进人工智能，或许是人工智能基础教育取得预期目标的关键。为此，编者认为，中学教育先暂时远离人工智能中深奥的理论模型和复杂的应用场景，率先进行人工智能算法溯源的科普教育，将是激发初、高中学生的学习兴趣，培养学生的创新思维，探索智能科学奥秘的必经途径。

3. 如何理解人工智能

人工智能从 1956 年美国达特茅斯会议诞生至今，已经发展了近 70 年，相继形成了符号智能、计算智能和群体智能等多个研究流派。尽管源于不同研究视角的学者对人工智能的定义有着多种不同的文字描述，但最经典而通俗的一种描述是"人工智能就是让计算机去模拟人的智能以实现过去只有人才能做的那些富有智能的工作"。这个定义对"人工"做了很好的说明，再辅以图灵测试对"智能"的直观诠释，足以让人们从功能的视角深刻理解人工智能真正的内涵。

事实上，现有的很多人工智能技术在进行问题求解时确实是在模仿人求解问题时的思维方式。我们以问题归约法、贪心算法、极大极小搜索算法 3 个实例进行说明。

例 1 如果一个小学四年级的学生在刚学完矩形面积计算方法后就遇到一个求解五边形面积的几何题，如图 0.1（a）所示。

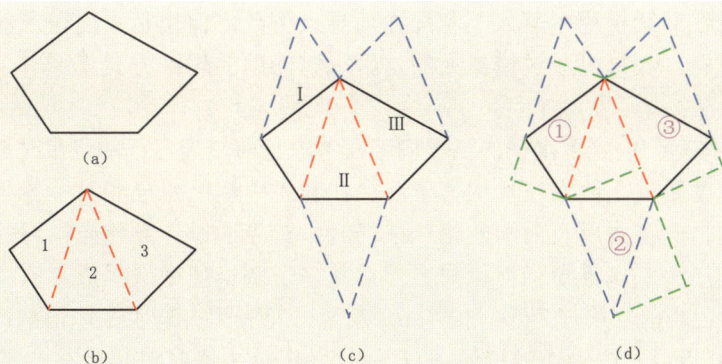

图 0.1　利用已学的矩形面积方法求五边形的面积

这时，一种高效的求解方法是先通过做一些辅助线来实现图形形状的转换，然后再进行问题的求解。①从五边形内任一顶点出发通过连接另两个顶点来画两条辅助线（红色线），将原五边形分割为 3 个小三角形（1、2、3），如图 0.1（b）所示。②通过做平行线（蓝色线）将 3 个三角形扩充为 3 个平行四边形（Ⅰ、Ⅱ、Ⅲ），如图 0.1（c）所示。③做与长边垂直的辅助线（绿色线）将 3 个平行四边形转化为 3 个等底同高的矩形（①、②、③），如图 0.1（d）所示。④利用所学的矩形面积计算方法就可以得到五边形的面积，即五边形的面积为 3 个矩形面积之和的一半。这个求解方法的思路就是当初始待求解的问题复杂且无法直接求解时，可以先把该问题分解为比较简单的子问题，假如得到的子问题仍然比较复杂，可以继续进一步分解，直到得到的子问题可以利用已有知识直接求解为止。利用计算机模拟人的这种问题描述和求解的思维方式，就形成了人工智能中的问题归约法。

例 2　中国象棋是我国棋文化中普及最广的棋类项目，深受很多中小学生的喜欢。对于一些初学中国象棋的孩子们，他们在考虑自己走步时常会以能够吃掉对方重要棋子为走棋目标来确定自己当前的走步。如图 0.2 所示，红方先行，初始局面看似红方在棋子上占优（红色的车、炮、兵都已兵临城下），但黑方的黑卒仅需两步就可以与黑车配合完成绝杀。若红方贪吃（见左、中图中按步骤序号标记的走法），就会给黑方反败为胜的机会；只有按右边策略，弃车移帅才有生机。从棋局的演化上讲，每次贪吃的策略都是在寻求当前棋局利益的最大化。如本例所示，尽管这样的策略在遇到有经验的

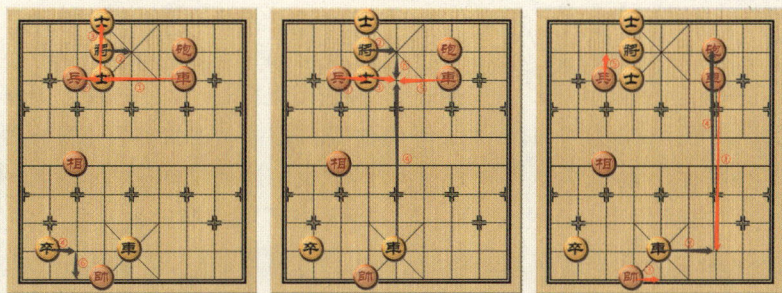

图 0.2　中国象棋程序（左：红车左移吃士；中：红兵右移吃士；右：红车下移弃车）

棋手时往往会在后续棋局中落入不利局面而导致失败，但也是人们在求解许多问题时常有的一种思路。计算机通过模拟人的这种求解问题的思维方式就形成了状态空间搜索中的贪心算法。

例3 一些有一定围棋水平的孩子们，在考虑当前棋局自己的走步时通常能够向前看许多步。也就是说，他们在每次落子前会在脑海中演练自己和对手各自可能的多步走法。当到达自己棋力所及最深的每一棋局时，首先通过计算相应棋局的评估值并将该值依下棋逆序逐层倒推至当前棋局，然后从多个倒推值中选择最高值，并按其来源方向来确定自己当前的最佳走步。如图0.3所示，轮到黑方选手走，假如该选手的棋力可以向前看20步，左图为当前棋局，右图是20步后（各自向前走了10步）多种棋局中的一种棋局。首先，该选手向前看20步后会对这一层的诸多棋局进行评估计算及相应评估值的逆向倒推，直到初始的当前棋局；然后，在当前棋局下比较诸多棋局倒推上来的评估值，选择最大评估值的源方向所对应的那一走步作为当前棋局应该走的走步。在棋局评估值的逐步倒推过程中，轮到自己走棋的棋局通常选取诸多候选棋局中评估值最大的棋局（极大，最有利于自己的），轮到对方走棋的棋局通常选取诸多候选棋局中评估值最小的棋局（极小，对方最厉害的，也是最不利于自己的）。尽管该方法耗时费脑，但这种下棋策略会比只看当前棋局优劣的贪心算法更有优势，因为它本质上是一种能够兼顾一定深度棋局利益的优化策略，选手棋力越强，看得会越远，对后续棋局发展态势的把握也就越准确。计算机模拟人类下棋高手的这种思维方式就形成了人工智能博弈树搜索中的极大极小搜索算法。其他类似的例子还有很多，在此不再赘述。

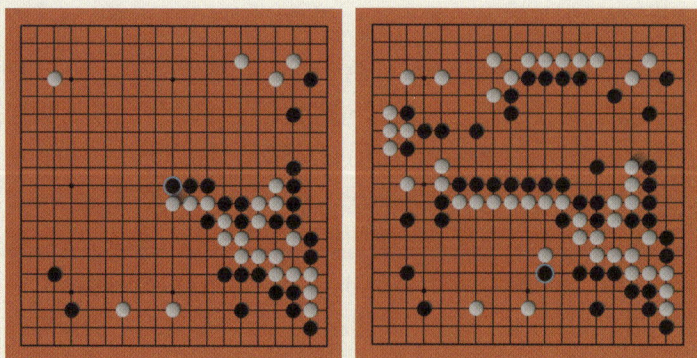

图0.3 围棋程序（左：当前棋局；右：向前看20步后的一种棋局）

其实，人类仅仅是大自然万千生物中的一种高级生物。除了人类，许多生物在自然界数千万年的生存和演化中也已形成不少独特的智慧。古希腊哲学家泰勒斯就曾提出一种泛灵论的观点，他认为"万物皆有灵性"。我国唐代文学家白居易在《赋得古原草送别》中有"离离原上草，一岁一枯荣。野火烧不尽，春风吹又生"的经典诗句，他借助对野草的歌颂，赞赏了世间生命的顽强。另一唐代诗人李频在《府试风雨闻鸡》中则通过"不为风雨变，鸡德一何贞。在暗长先觉，临晨即自鸣"的诗句描绘了鸡的先觉和灵性。2020年，美国加州大学的哲学家塔姆·亨特和心理学家乔纳森·斯库勒

在 *Scientific American* 上发表《嬉皮士是对的：一切都和振动相关》的文章，从生物、物理和脑认知的角度解释了万物的感知和意识，给出了一种对世间万物皆有灵性的验证。近年来，学者们利用计算机对生物群体智能行为的模拟也已衍生出许多人工智能的新算法。基于这些新发展，前面提及的经典人工智能的定义似乎可以拓展为"让计算机去模拟生物的智能以实现那些富有智能的操作"。那么，除人类之外，究竟有哪些生物的群体行为涌现出的智能启迪了人工智能算法的进步和发展呢？迄今为止，尚没有一本书以科普的形式进行较为系统的介绍。

4. 本书概述

为了满足中学人工智能基础教育的需要，本书以科普的形式，从多种动物、微生物、植物的角度就生物群体行为、自然机理及衍生的群智能算法进行了系统、全面的阐述，全书分 8 篇，33 章。在写作风格上，本书努力沿袭科普书的通俗性、趣味性，多用生活小故事和现实事例引人入胜，同时也希望保持人工智能的专业性。这本书既可作为中学人工智能基础教育的启蒙教材或参考书，也可作为人工智能普及教育的科普读物。此外，本书较系统地给出了多种群智能算法的整体框架和流程，也能给群智能算法的初学者和爱好者带来一定的启发和帮助。

人工智能是一个广博高深的学科，很多技术仍在急速发展。编者虽从事人工智能教学、科研多年，但受限于个人认知和知识水平，整理、编写在这本书中的内容，仅是生物群体行为启发的群智能算法中的一部分典型代表，书中难免有不足之处，敬请读者给予批评指正。

本书在写作过程中得到诸多朋友提出的宝贵意见，在此表示衷心感谢。感谢家人、课题组老师和同学的理解、帮助和支持，使我这段时间能够全身心投入该书的写作中。特别感谢 2014 年荣获中国计算机学会终身成就奖、2018 年荣获首个吴文俊人工智能最高成就奖的中国科学院院士、中国科学院数学与系统科学研究院的陆汝钤先生在百忙中欣然为本书作序。感谢国家自然科学基金项目（项目批准号：61375059、61672065、62276010）和北京市教育委员会科学研究计划重点项目（项目编号：KZ201410005004、KZ202210005009）对书稿所涉及的相关研究的资助。最后，感谢所有为本书出版付出辛勤努力的工作人员。

冀俊忠

2023 年 10 月 13 日

目 录

一、昆 虫 篇

三、鱼 虾 篇

四、两栖动物篇

五、哺乳动物篇

六、微生物篇

七、植 物 篇

八、结 语 篇

一、昆虫篇

匆匆行走的蚂蚁（Ant）

我小时候是在山西省太谷县城的一个院子里度过的。蚂蚁搬家，是我儿时在院子中见过的数量最多的生物群集活动。那时候，我偶尔会在院中地面上的蚁穴口附近发现一大片密密麻麻的蚂蚁"搬运工"。它们往返于新旧蚁穴之间，用嘴叼着"物品"从旧蚁穴费力地搬往新蚁穴。有时也会在蚁群中看到个头比较大、带翅膀的蚁王，通常蚁王不搬运任何"物品"，也许只是在指挥和监督蚁群的搬运。蚂蚁搬家的持续时间一般都比较长，记忆中我似乎没有一次完整地看过它们搬迁的过程。不过，从我初见这种现象起，就非常欣赏蚂蚁的勤劳和协作，因为它们总会让我联想起愚公移山的故事。后来通过学习相关文献后才知道，蚂蚁的这种聚集"搬家"现象与即将下雨时湿度变化密切相关。于是，我又不禁对蚂蚁这种小昆虫具有超常的空气湿度感知能力而心生敬佩。事实上，在地球上生活了1.4亿多年，有超过1.5万个物种的蚂蚁，其智能行为远多于此。

1.1 蚂蚁觅食现象与原理

夏季的一场大雨过后，刚刚"乔迁新家"的一群蚂蚁听从蚁后的号令出来觅食。假如在蚁穴和食物源（如被人遗落在地上的一块饼干）之间有一滩水，蚂蚁可以通过上、下两条绕过水的可行路径找到食物。开始时，如图1.1（a）所示，这群蚂蚁兵分两路，一部分走上面的可行路径来取食物并沿原路返回，另一部分则选择走下面的可行路径来搬运食物。尽管上面的路比下面的路长一些，但此时这两部分的蚂蚁数量基本相同，体现了蚁群等概率的随机行走。过了一会儿，如图1.1（b）所示，往返于上面可行路径上搬运食物的蚂蚁数量会明显少于往返于下面可行路径上搬运食物的蚂蚁数量，即下面短路径上聚集的蚂蚁会越来越多，而上面长路径上的蚂蚁则会变得越来越稀疏。又过了一段时间，如图1.1（c）所示，所有出来觅食的这群蚂蚁都选择了下面比较短的路径来搬运食物，不再有蚂蚁走比较长的路径。也就是说，蚁群在上述觅食过程中虽然没有直接的语言交流，但却总是能够找到从食物源到蚁穴间的较短路径，我们把这种现象称为"蚂蚁觅食现象"。

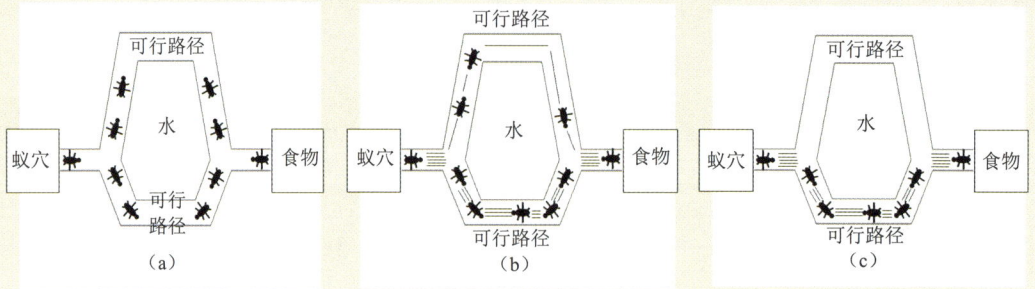

图 1.1　蚁群觅食示意图

　　这群蚂蚁是如何在觅食过程中发现较短路径的呢？生物学家的研究揭开了这个秘密：蚂蚁在其行走过程中，会在路径上留下一种挥发性的化学物质——信息素（pheromone），某条路径上信息素浓度的多少与通过该路径的蚂蚁数量成正比[1-2]。蚂蚁利用信息素的浓度来进行路径信息的散播，从而实现蚁群间相互的通信和彼此的协作。一方面，一条路径上信息素的散播意味着信息素的浓度会随着时间的推移而逐渐挥发；另一方面，如果有蚂蚁在这条路径上进行新的行走又会增加该路径的信息素浓度。假设所有蚂蚁的行走速度大致相同，下面我们结合图 1.1 来说明信息素的散播原理。假如在如图 1.1（a）所示的最初时刻，上下两条路径上因为没有蚂蚁留下的信息素，所以蚁群等概率地兵分两路，此时两条路径上行走的蚂蚁数量相同，行走后留下的信息素浓度也接近。过了一会儿，在如图 1.1（b）所示的中间时刻，虽然经过相同时间后两条路径上的信息素挥发速度相同，但由于等速度造成下面短路径上的蚂蚁来往的频次会比上面长路径上蚂蚁来往的频次大，因此在下面短路径上新积累的信息素浓度就会大于上面长路径上积累的信息素浓度。当蚂蚁从蚁穴或食物处再次出发或返回时，受下面短路径散播浓度大的信息素的吸引，蚂蚁会有更大的概率选择下面的短路径，从而出现了下面短路径上的蚂蚁越聚越多的情况。再过一会儿，在如图 1.1（c）所示的时刻，随着下面短路径上的蚂蚁越来越多，该路径的信息素浓度增长越来越快，后面的蚂蚁选择该路径的概率也越变越大。最终，这种自催化的"信息正反馈"导致蚁群中的所有蚂蚁都选择下面较短的路径来进行觅食。

1.2　蚁群优化算法

　　基于上述蚂蚁觅食原理，意大利学者 Dorigo 等在 1991 年第一次提出了求解旅行商问题的蚁群优化（ant colony optimization，ACO）算法[1-2]。旅行商问题（traveling salesman problem，TSP）也称为货郎问题，是人工智能领域一个经典的组合优化问题，n 个城市的 TSP 问题可通俗地描述为：一个商人要去 n 个城市去推销自己的商品，为了节省旅行开支、降低销售成本，求一条访问 n 个城市各一次后回到出发城市的最短路径。蚁群优化算法的基本思想是利用每只人工蚂蚁随机地从一个出发城市开始遍历所有其他城市后回到出发城市的行走过程来构成 TSP 问题的可行解[3]，其核心步骤有两个。①选择城市的规则：蚂蚁 k 在构建自己解的过程中，根据多个候选路径上的信息量（包含与路径长度相关的启发信息和路径上的信息素浓度两种信息），利用轮盘概率方法随机选择自己下一个要到达的城市。②信息素的更新：模拟真实蚁群在觅食中的两个过程，一个是蚁群在路径上的行走会留下新的信息素（新增），另一个是路径上已有的信息素会随着时间的推移而逐渐挥发（消减）。在问题求解过程中，各条可行路径上的信息素会根据蚁群的行动和时间变化同时进行新增和消减，实现浓度的更新。

蚁群优化算法的基本框架如算法 1.1 所示。

算法 1.1　蚁群优化算法

1）设置蚁群规模 N、城市规模 n、最大迭代次数 T、路径初始信息素浓度等参数；

2）蚁群迭代寻优的循环：

　　{每只蚂蚁构建自己解的过程：

　　　　{随机从某个出发城市开始，按选择城市的规则选择下一个要到达的城市；
　　　　修改相应状态的禁忌表；}

3）叠加蚁群在本次迭代过程中留在各条路径上的信息素，完成路径的信息素更新；

4）计算本次迭代过程中每只蚂蚁所构建的解路径长度，记录迄今为止的最短解路径；

5）如果达到最大迭代次数，则执行 6），否则，迭代次数加 1，继续 2）；}

6）输出蚁群迭代过程中发现的最短解路径。

概括来说，蚁群优化算法具有如下优点：

1）随机优化过程具有良好的鲁棒性，能够求解复杂的组合优化问题。

2）个体间的信息传递采用信息的正反馈机制，能够引导解逐步走向最优。

3）种群优化容易实现分布式的并行计算，从而提高求解性能。

蚁群优化算法一经提出，就受到人们的广泛重视，很快就被成功应用于指派问题（quadratic assignment problem）、车间作业调度问题（job-shop scheduling problem）、车辆路径问题（vehicle routing problems）、图着色问题（graph coloring problem）等组合优化问题，为群智能算法的后期发展奠定了坚实的基础。近年来，蚁群优化算法已进一步扩展应用于函数优化（function optimization）、系统辨识（system identification）、数据挖掘（data mining）、网络路由（network routing）、配电网规划（distribution network planning）、化学工业（chemical industry）、生命科学（life science）等领域，取得了引人瞩目的研究成果。

1.3　蚂蚁拾尸现象与原理

除了四处觅食和搬运食物，我们也经常看见蚂蚁捡拾自己同伴的尸体，并进行搬运。这是蚂蚁自然进化形成的一种卫生习惯，通过搬运在蚁穴和觅食道路上死去的蚂蚁来整理蚁穴，保证道路畅通。生物学家通过观察发现，一些蚂蚁能够将分散在蚁穴各处的蚂蚁尸体拾起，然后有选择地将其搬运到特定地方的尸堆旁放下，从而形成多个大小不同的尸堆。我们把这种现象称为"蚂蚁拾尸现象"。

那么，这些蚂蚁是如何实现对同伴尸体的拾起和分拣呢？生物学家的研究表明：蚂蚁体内有一套丰富的腺体，能够发出各种信息素，用于和同伴进行不同信息的沟通和交流。如前所述，在觅食过程中，蚂蚁会在道路上释放一种引导路径的信息素，来招引同伴们跟着自己走。在发现食物后，蚂蚁也会在食物上撒下一种食物信息素，来招引后面的同伴把食物运回蚁穴。同样，当蚂蚁死后，它的身体上也会产生一种类似食物的信息素以提醒同伴将自己带走。在蚁穴周围，通常有专门堆放尸体的"蚂蚁墓地"。搬运蚂蚁将死后的蚂蚁尸体运到墓地后，因为每一窝蚂蚁的气味各不相同，所以它们会根据气味将搬运的尸体放到具有相似气味的尸堆，进而形成大小不同的尸堆[4]。图 1.2 给出了蚁群搬运和堆放蚂蚁尸体形成尸堆的示意过程：图 1.2（a）为初始蚂蚁的尸体分布，图 1.2（b）为初步尸堆的形成，图 1.2（c）为尸堆的进一步聚集，图 1.2（d）为尸堆的最终形成。

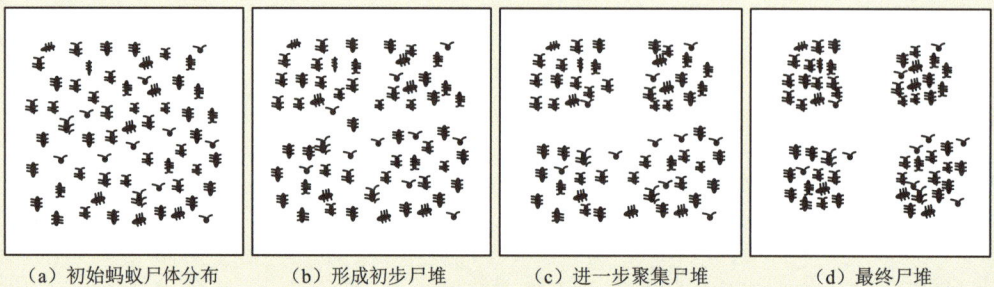

（a）初始蚂蚁尸体分布 （b）形成初步尸堆 （c）进一步聚集尸堆 （d）最终尸堆

图 1.2　蚁群拾尸示意图

1.4　蚁群聚类算法

基于上述蚂蚁拾尸原理，比利时学者 Deneubourg 等在 1991 年首先提出了蚁群聚类的基本模型[5]，Lumer 等在文献 [6] 中又对该模型进行了扩充和完善。蚁群聚类（ant colony clustering，ACC）算法的思想是：初始时，将待聚类的数据对象散落在二维网格中，要求每个网格点上最多只有一个数据对象。在每次迭代中，让一群人工蚂蚁中的每只蚂蚁通过如下过程完成各自的数据聚类：每只蚂蚁随机地从二维网格上的一个起点出发，在此二维网格中进行随机行走。蚂蚁的状态有负载和未负载两种，负载状态是指蚂蚁携带着数据对象，未负载状态是指蚂蚁没有携带数据对象。聚类的实施通过如下两种操作来完成。①当未负载的蚂蚁碰到一个数据对象时便计算该数据对象和周围数据对象的相似度，并利用以相似度为因变量的拾起概率函数计算一个概率值（拾起概率），然后利用随机发生器随机产生的一个概率值与计算得到的拾起概率进行比较。如果随机产生的概率值较小，则蚂蚁执行相应的拾起对象操作，并切换为负载状态；反之，未负载的蚂蚁随机移动到下一个邻近的网格中继续搜索。②当负载的蚂蚁移动到第一个空的网格点时，便计算所携带的数据对象和该网格点周围数据对象的相似度，并利用以相似度为因变量的放下概率函数计算一个概率值（放下概率），然后利用随机产生的一个概率值与计算得到的放下概率进行比较。如果随机产生的概率值较小，则蚂蚁执行相应的放下对象操作，并切换为未负载状态；否则，负载的蚂蚁继续搜索，移动到邻近空的网格点重复上面的步骤。ACC 算法经过蚁群的多次迭代，最终形成数据对象的聚类结果。

蚁群聚类算法的基本框架如算法 1.2 所示[7]。

算法 1.2　蚁群聚类算法

1）设置蚁群规模 N、最大迭代次数 T、拾起概率阈值、放下概率阈值等参数；

2）将待聚类数据对象随机散落在二维网格上；

3）初始化蚁群分布：将每只蚂蚁均匀放置在二维网格空的网格点上；

4）蚁群迭代聚类的循环：

　　{ 每只蚂蚁在二维网格上进行随机移动，每到一个新位置，进行拾起或放下
　　操作；}

5）如果满足算法终止条件，输出聚类结果；否则转到 4），继续进行聚类的迭代。

蚁群聚类算法具有如下优点：

1）具有良好的鲁棒性，能够求解各种复杂的聚类问题。

2）具有一种天然的正反馈机制，通常越大的堆会吸引蚂蚁把更多的尸体堆放在这一堆上。

3）是一种自组织的聚类过程，每只蚂蚁的拾起、放下既考虑了聚类对象相似性的引导，又具有很强的随机性，蚁群通过若干次迭代实现自组织的优化，最终形成聚类结果。

近年来，蚁群聚类算法受到了国内外学者们的广泛关注和深入研究，并已成功应用于文本聚类（text clustering）、客户行为分析（customer behavior analysis）、基因表达数据分析（analysis of gene expression data）和蛋白质网络中功能模块检测（functional module detection in protein-protein interaction networks）等问题的求解。

漫天飞舞的蜜蜂（Bee）

在我小时候，每年春暖花开的季节，在我们家的小院里先是粉色桃花绽放，然后是翠绿的树叶捧出含苞欲放的苹果花，最后是淡黄色的枣花缀满树枝。春天的微风吹过，院子里浸满了各类花的芬芳，引来了成群的蜜蜂围着果树上下飞舞。每当我看到此景，总不由得想起明代诗人王锦在《咏蜂》中的那句"纷纷穿飞万花间，终生未得半日闲"。尽管和蚂蚁一样，蜜蜂也属于一类膜翅目昆虫，但是蜜蜂毛茸茸的身子上面披着和大老虎一样的条纹，而且体形也比蚂蚁粗壮很多，因此，蜜蜂明显比常见的黑身子小蚂蚁更引人注目。记得那时，自己经常攀爬在果树上玩耍，偶尔也会招惹到来采蜜的蜜蜂，并被蜜蜂蜇伤，在遭受伤口肿痛的同时也能深深感受到蜜蜂舍命反击的愤怒。

2.1 蜜蜂采蜜现象与原理

与蚂蚁类似，蜜蜂也是一种群居性昆虫，一个蜂群中包含蜂王、雄蜂、工蜂 3 类分工明确、各司其职的蜂。其中，蜂王负责产卵繁殖，维持蜂群秩序；雄蜂负责与蜂王交配；工蜂根据自身的生长周期又可细分为保育蜂、筑巢蜂和采蜜蜂，3 种工蜂的职责不尽相同。保育蜂是最年轻的工蜂，它们负责饲养幼虫和清理巢房；筑巢蜂是青年工蜂，它们负责修建蜂巢和酿制蜂蜜；采蜜蜂是壮年工蜂，它们负责采集花蜜、花粉、蜜露、树胶等，图 1.3 所示即为一只正在专心采蜜的蜜蜂。通常在一个蜂群中，工蜂数量是最多的，会占整个蜂群的 90% 以上，它们肩负着蜂群除繁殖以外几乎全部的工作。生物学家通过对蜂群行为的研究发现，自然界中的蜜蜂虽然个体行为简单、能力有限，但无论是采蜜还是筑巢，整个蜂群的工作很有规律，工作效率也非常高。美国康奈尔大学的生物学家托马斯·希利通过长期观察发现：一个普通蜂群的采蜜范围通常可以覆盖以蜂巢为起点 6 千米甚至更远的区域。假设在距蜂巢 2 千米以内的区域有一个蜜源，用不了多久，超过一

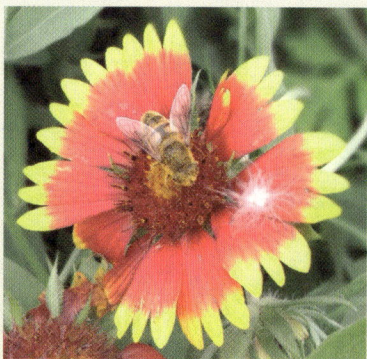

图 1.3 一只正在专心采蜜的蜜蜂

半数目的蜂群就会发现该蜜源。那么，蜜蜂是如何在蜂巢周边高效率地发现优质蜜源的呢？

生物学家进一步研究发现，蜜蜂采蜜是一项分工细致、协作紧密的工作。采蜜蜂按工作职责又可细分为侦察蜂、观察蜂两种。蜂群中每天都有一部分采蜜蜂被指派为侦察蜂，它们的主要任务是在蜂巢附近寻找蜜源，而其余的采蜜蜂作为观察蜂先待在蜂巢等待。一旦侦察蜂发现蜜源，它们会吸食蜜源的花蜜、装满蜜囊后飞回蜂巢。侦察蜂先把带回的花蜜分发给在蜂巢等待的观察蜂，让它们品尝花蜜、熟悉花蜜气味。然后，通过跳美妙的舞蹈将蜜源的具体信息分享给观察蜂。舞蹈的动作幅度一般与所发现的花蜜质量相对应，而舞蹈的形状与蜜源的远近相关。如图 1.4 所示，圆舞表示蜜源比较近，摆尾舞表示蜜源比较远，一般摆尾舞的变化更多，所以传递的蜜源信息也更为丰富[8]。蜂巢周围的观察蜂看到舞蹈后，会根据舞蹈传达的信息判断蜜源大致的远近、方向和优劣。领悟了蜜源信息后的观察蜂会根据蜜源质量的不同分散开来，飞向不同的蜜源地，同时开始多个蜜源花蜜的采集工作。相对于一开始就将所有蜜蜂都投入蜜源寻找或采蜜中的工作管理方式，这种自组织的分工协作、信息共享机制，使蜂群能够高效率地发现蜂巢周边的优质蜜源，获得更多的花蜜。

圆舞   摆尾舞

图 1.4　蜜蜂舞姿示意图

2.2　人工蜂群算法

2005 年，Karaboga 通过模拟真实蜂群的这种智能觅食行为，提出了人工蜂群（artificial bee colony，ABC）算法[9]，并将其成功地应用于连续函数优化问题的求解[10]。ABC 算法本质上是一种元启发式的随机搜索算法，它通过模拟蜂群的分工协作机制，对连续函数的一组候选可行解进行随机的迭代进化以寻求最优解。在人工蜂群算法中，每个食物源代表待求问题的一个可行解，而食物源花蜜的多少则代表该可行解质量的好坏。解的进化需要侦察蜂、雇佣蜂和观察蜂 3 种蜜蜂之间的多次交流协作共同完成，真实蜂群中的侦察蜂角色在 ABC 算法中由侦察蜂和雇佣蜂一起分担，分别负责全局随机搜索和局部邻域搜索。在基本 ABC 算法中，假设每一个食物源仅被一个雇佣蜂开采（即食物源与雇佣蜂一一对应，个数相同）。一个食物源的花蜜被开采枯竭后，它所依附的雇佣蜂将转变为侦察蜂。侦察蜂在蜂巢周边重新寻找新的食物源，一旦找到食物源后会再次变成雇佣蜂。

3 种蜜蜂在 ABC 算法中完成的具体操作如下 [11]：

1）雇佣蜂在所依附的食物源邻域内进行局部开采，当发现更好的食物源时会更新自己所依附的食物源。

2）观察蜂根据雇佣蜂所提供的食物源信息，按某种选择方法依附到特定的食物源，然后每只观察蜂在当前所依附的食物源邻域内进行局部开采（局部邻域搜索），当发现更好的食物源时也会通知相应的雇佣蜂更新其所依附的食物源。在这个过程中好的食物源（适应度高的解）会吸引较多的观察蜂，随着观察蜂进行的多次邻域搜索，这些食物源会得到更频繁的进化。

3）侦察蜂的主要任务是处理解的停滞，即当解的进化陷入局部最优时，雇佣蜂在摒弃原来所依附的食物源后转变为侦察蜂，然后在较大范围内随机寻找（全局随机搜索）一个可行解来作为新食物源，并再次变成雇佣蜂重新开始新的循环。

简言之，雇佣蜂和观察蜂一起通过对现有食物源的开采完成相应解的局部优化，而一旦解出现停滞现象，侦察蜂就要去完成更大范围内的随机勘探工作。ABC 算法通过 3 种蜜蜂之间这种特有的交流方式实现了蜜源信息的传递和共享，使搜索到的可行解不断进化。当算法渐渐趋于收敛时，蜂群便在可行解空间中获得问题的最优解或者近似最优解。

人工蜂群算法的基本框架如算法 1.3 所示。

算法 1.3　人工蜂群算法

1）设置蜂群规模（雇佣蜂和观察蜂）、迭代次数、停滞次数等参数；

2）初始时随机生成 K 个代表候选解的食物源，并将它们分别指派给各个雇佣蜂；

3）蜂群迭代寻优的循环：

　　{ ① 雇佣蜂在各自邻域内进行局部开采，若发现更好的食物源则进行位置更新；

　　② 观察蜂先按照与食物源花蜜数量成正比的概率选择食物源，然后在所选食物源的邻域内进行局部开采，若发现更好的食物源则进行位置更新；

　　③ 判断食物源是否枯竭，若枯竭，则该食物源将被依附的雇佣蜂抛弃；该雇佣蜂变成侦察蜂，侦察蜂在可行解空间中随机搜索一个新解作为食物源的新位置；

　　侦察蜂获得食物源后，再次变为雇佣蜂；

　　④ 如果满足算法终止条件，退出循环，否则，迭代次数加 1，继续 3）；}

4）输出迄今为止的最好食物源（最优解）。

人工蜂群算法具有如下优点：

1）具有良好的鲁棒性，能够求解各种复杂的优化问题。

2）具有正反馈选择机制，食物源的花蜜数量与食物源被选择的概率成正比。与差的食物源相比，好的食物源通常会吸引更多的观察蜂进行局部寻优，这样能够保证解的快速收敛。

3）具有负反馈淘汰机制，雇佣蜂会停止对较差食物源的开采，并转变为侦察蜂在可行解空间中随机找到一个新食物源。这一机制可以避免陷入局部最优，获得更高质量的解。

此外，算法还具有较强的灵活性、不受领域知识约束等特点。这些优点使人工蜂群算法逐渐成为仿生优化算法中的一个研究热点，其应用也迅速拓展到整数规划（integer programming）、组合优化（combinatorial optimization）、多目标优化（multi-objective optimization）、人工神经网络训练（artificial neural network training）、图像处理（image processing）等领域。

2.3　蜜蜂繁殖现象与机理

如前所述，每个蜂群由蜂王、雄蜂、工蜂组成，是一个独立而有组织的生态社会，繁殖是令这个社会发展和延续的重要活动。那么，它们是如何繁殖的呢？在蜜蜂繁殖过程中，蜂王、雄蜂、工蜂各自有着明确的任务，发挥着各不相同的作用。一个蜂群中唯一具有生殖能力的雌蜂就是蜂王，它是由受精卵发育而成，并经工蜂的精心哺育，在王台里长大的幼蜂。蜂王个头大、体重沉、寿命长，负责寻找雄蜂、与雄蜂交配并完成产卵，故肩负着繁衍后代的主要任务。雄蜂是由未受精的卵发育而成，主要负责与蜂王交配，传递雄性基因。工蜂虽然也是由受精卵发育而成，但它们个头小，生殖器官发育不良，缺乏生殖能力，在繁殖过程中主要负责喂养幼虫和蜂王。

通常，蜂群的繁殖过程大致可以分为交配、产卵和幼虫培育3个阶段。

1）交配：蜂王通常在飞行中通过舞姿来引诱雄蜂，雄蜂收到引诱信号后开始追逐蜂王，并在飞速一致且位置相同时完成交配。一般来说，在蜂王的每次空中飞行中可以完成与雄蜂的多次交配。在每次交配中，雄蜂的精子进入蜂王体内，并存储在蜂王的精囊里形成种群的遗传池。

2）产卵：蜂王每次从精囊里取出一些雄蜂留下的精子与自己的卵子通过多种不同的基因组合后，产下一代受精卵，有时也会有一些未受精的卵被排出。

3）幼虫培育：卵经过孵化，变成幼虫。幼虫的成长则完全由工蜂负责，工蜂每次将头伸入幼虫巢房内为幼虫提供蜂蜜和花粉混合物或蜂王浆。通常，工蜂们都有各自负责的培育范围，它们整日忙忙碌碌地哺育着辖区内的幼虫长大。

通过这种分工明确、相互协作的繁殖方式，由蜂王掌控的蜂群一代一代地繁衍、壮大起来，并通过分裂，形成若干个新的蜂群。

2.4　蜜蜂交配优化算法

2001年，澳大利亚学者Abbass通过模拟真实蜂群的上述繁殖行为，提出了蜜蜂交配优化（marriage in honey bees optimization, MBO）算法，并将其成功地应用于命题可满足性问题的求解[12-13]。该算法的主要思想和实现过程如下。

1）3 种蜂的表示：每个个体表示待求解问题的一个可行解（状态），其基因型用二进制值的数组来编码。每个蜂王除了有代表一个个体的基因型编码，还附有速度、内能和精囊编码。每个雄蜂除了有代表一个个体的基因型编码，还附有一个基因型标记器编码，用来随机标记所带个体基因型中一半的基因，这些标记过的基因在交配中会被保留，而余下的一半基因则会形成遗传精子成为交配中受精卵的主体基因。每个工蜂都代表一种对幼虫或蜂王个体基因型所做的一次启发式局部进化操作，用以提升相应个体的解质量。

2）交配飞行：蜂王的每次交配飞行可看作是在问题状态空间中进行的一组状态搜索。其中，蜂王以不同的速度在状态空间中的不同状态之间飞移，每次飞移表示状态的一次转移。在每个状态，蜂王按交配概率随机判断是否与遭遇到的雄蜂进行交配。交配概率由蜂王、雄蜂所代表个体的质量差异（适应度的差）和飞行速度决定，主要遵循速度快或蜂王与雄蜂适应度接近时交配概率大的原则。在命题可满足性问题中，个体的适应度定义为当前个体表示的变量指派所满足的约束占整个问题需要满足的约束的比率。一旦交配成功，雄蜂的精子（所代表解的部分基因）会被加入蜂王的精囊中。蜂王的每次交配飞行在出发时都会带有一定量的内能，每到一个新状态（无论交配与否），都会消耗一部分内能，而且刚开始飞行时，内能充足，速度比较快；随状态的多次转移，内能减少，速度变慢。当内能快耗尽或精囊充满时，蜂王的本次飞行结束。

3）蜂王的产卵（生成幼虫）：每代种群的产生由蜂王主导完成，每个蜂王交配飞行结束后会回到巢穴进行产卵。通常，一个受精卵（幼虫）个体的基因型是由蜂王和与其交配过的雄蜂决定的。蜂王首先从精囊中随机拷贝一个精子（某雄蜂个体中未标记的主体基因）作为待生成受精卵个体中的一半基因编码，然后从蜂王自己所表示的个体基因型中随机选取另一半的基因编码一起拼接成一个受精卵个体的基因编码。当受精卵发育成熟后，生成蜜蜂的幼虫。

4）工蜂的优化：对每个新生成的幼虫个体，工蜂可以通过对其基因型的局部编码进行启发式的寻优来改进幼虫个体的适应度。启发式的寻优操作可以根据需要采取不同的方式。

基于上述思想[12-13]，蜜蜂交配优化算法的基本框架如算法 1.4 所示。

算法 1.4 蜜蜂交配优化算法

1）设置蜂王数 Q、工蜂数 W、幼虫数 B、精囊大小 M 等参数；

2）随机初始化 Q 个蜂王的基因型，并分别随机选取一个工蜂对蜂王的基因型进行改进；

3）蜂群迭代寻优的循环：
　　{① Q 个蜂王的交配飞行；
　　　　{初始化蜂王的内能、速度和每次交配的内能损耗，随机生成一个雄蜂；
　　　　　当内能大于零且精囊未满时，执行如下交配循环：
　　　　　　{按交配概率进行判断，当满足条件时完成一次交配；

　　　　　无论交配与否，飞行的内能、速度进行更新；

　　　　　以当前速度作为翻转概率，修改雄蜂个体基因型中的每位基因；}}

　②　B 个幼虫的产生：

　　　　{每次采用概率随机方法按适应度选择一个蜂王；

　　　　随机从其精囊中选择一个精子；

　　　　通过蜂王个体基因与精子基因的交叉组合生成一个受精卵（幼虫初始编码）；

　　　　依变异率对所产生的受精卵进行基因变异；

　　　　随机使用一个工蜂对受精卵进行基因优化后，得到幼虫的优化编码；}

　③　更新蜂王：当最好的幼虫个体比最差的蜂王个体更好时，则用最好的幼虫
　　　个体替换最差的蜂王个体；

　④　放弃本次生成的所有幼虫个体；

　⑤　如果算法终止条件满足，退出循环，否则，迭代次数加 1，继续 3)；}

　4）输出迄今为止的最好蜂王（最优解）。

　　蜜蜂交配优化算法提出后，引起人们广泛的研究兴趣，除算法机制不断改进外，目前已经成功应用于随机动态规划（stochastic dynamic programming）、移动机器人避障（mobile robot obstacle avoidance）、多目标配电网重构（multi-objective distribution network reconstruction）、物化视图选择（materialized view selection）、柔性作业车间调度（flexible job shop scheduling）、集成电路产业（integrated circuit industry）、医学图像压缩（medical image compression）、前列腺癌的分类（prostate cancer classification）等问题的求解。

3

熠熠发光的萤火虫（Firefly）

　　萤火虫，是自然界中一种会发光的昆虫。它在中国古代文化中象征着勤奋好学。这个象征之意可从唐代房玄龄的《晋书·车胤传》中囊萤夜读的典故里得到验证。该故事讲的是，生于东晋时期的车胤自幼家境贫寒，聪明好学，非常喜欢读书，但是父亲收入微薄，仅能勉强维持家人温饱，无力为车胤买灯油供其晚上继续读书。一个夏天的夜晚，车胤偶然发现一些萤火虫在低空飞舞，在黑夜中一闪一闪地发着耀眼的荧光。车胤旋即想到，如果能够把许多萤火虫汇聚在一起，让它们同时发光就有可能形成一盏灯的光亮，那样自己就可以在夜间看书了。于是，车胤从家中找出一条白绢小口袋，小心翼翼地将捕捉到的几十只萤火虫装进去，然后扎上袋口，并把口袋吊在书桌上方。尽管不是很明亮，但凭借萤火虫的荧光他总算能在夜里看书了。自此，只要发现萤火虫，车胤都会抓来一些装入口袋用以照明读书。久而久之，车胤的学识与日俱增，长大后终于成为东晋敬业爱民的大臣。这则故事告诉我们：①当面对成长中的困难时，只要我们坚定信念和初心，发挥自己的聪明才智，就能够战胜困难，继续追求自己的理想；②善于动脑、勤奋苦学是增长知识、提高自我、实现人生理想的必由之路。

　　在上大学时，我也曾与萤火虫有过一次近距离的接触。记得那是一个夏季雨后的晚上，在大学校园中心花园的夜幕中纷纷扬扬地飞来了不计其数的萤火虫。它们闪烁着荧光，四处穿梭着，仿佛是我们身边飘过的流星，让我们有一种置身宇宙星空的感觉。那一夜，许多同学陶醉在与萤火虫若即若离、擦肩而过的浪漫邂逅中，久久不愿离去。

3.1　萤火虫发光行为与原理

　　萤火虫，可分陆生、水生、半水生三大类。它从卵到幼虫、蛹和成虫，一生要经历4个发育阶段。萤火虫在我国分布区域非常广泛，但主要分布在江南、华南等南方省份。萤火虫幼虫生长期长，成虫寿命短，且雌雄虫交配、产卵之后不久，雌雄虫就会相继死亡。对于萤火虫成虫来说，如何在有限的时间内寻求到合适的配偶，逃避天敌的攻击并完成交配就是其生命中最重要的事了。

　　每到萤火虫交配季的晚上，在枝叶茂盛的丛林中，成千上万的萤火虫会在夜幕中飞舞、聚集，它们各自闪烁着独特的光芒来吸引一定距离内其他异性萤火虫的注意，旨在寻找合适的配偶。因此，在萤火虫聚集的栖息地，夜幕在熠熠发光的萤火虫照耀下经常会出现星光灿烂的美景。

生物学家研究发现：在自然界中已知的大多数萤火虫能够发出一种闪光信号，这种信号能够被同类的其他个体所感知，从而实现萤火虫之间的相互沟通、求偶、警戒等社会行为。为了凭借这种方式完成不同的行为，萤火虫的闪光信号就像人类程序员编写的代码一样，拥有不同的颜色、长度、节奏、频率和强度等特性。通常，雄虫会在某区域主动发出自己特有的、代表求偶的闪光信号，用来吸引异性。若在附近的雌虫同意雄虫的求偶，则会发出同频、同色的闪光与雄虫相呼应。在这种情况下，雄虫的求偶宣告成功，进而会与其呼应的雌虫完成交配。如果雄虫发信号一段时间后没有雌虫回应，它便会飞到另一区域，再次发出求偶信号以寻找其他的雌虫。雌雄虫采用信号系统聚集、约会的过程如图 1.5 所示。其中，图 1.5（a）表示雄性萤火虫在黑暗中飞行，并通过体味感知雌性萤火虫的存在；图 1.5（b）表示雄性萤火虫通过发光发起求偶信号来吸引对方；图 1.5（c）表示如果雌性萤火虫接受求偶信号会通过发光、闪烁的方式进行回应；图 1.5（d）表示发起求偶的雄性萤火虫到对方地点聚集、约会。

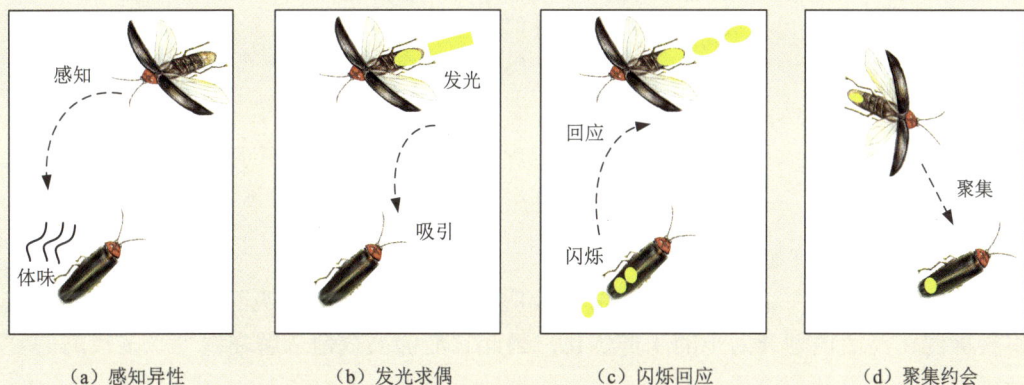

（a）感知异性　　　　（b）发光求偶　　　　（c）闪烁回应　　　　（d）聚集约会

图 1.5　萤火虫通过闪光信号进行聚集示意图

此外，在遇到捕食自己的昆虫天敌时，萤火虫会发出一种强烈而短促的闪光信号，以造成捕食者惊恐或短暂性致盲，从而及时逃逸。类似地，当萤火虫遇到别的危险时，也会发出警示的闪光信号，让附近的其他萤火虫接收并远离危险区域。总之，在萤火虫的世界里，它们通过感知、发光和回应来实现个体间的交流和通信，进而完成种群的社会性繁衍和生存。

3.2　萤火虫算法

2008 年，英国剑桥大学杨新社教授通过模拟自然界中萤火虫的发光特性和相互吸引行为，提出了求解函数优化问题的萤火虫算法（firefly algorithm，FA）[14]。萤火虫算法的基本思想可以描述为 [15]：每个萤火虫个体代表待求解问题的一个解。在萤火虫种群的初始化过程中，随机选取一定规模的解作为萤火虫的初始种群，其中每个解分别处于候选解空间中的不同位置。一个解的目标函数值越大，说明该萤火虫个体所处的位置越好，那么它发光的绝对亮度就越高。即不失一般性，可以令个体的绝对亮度等于所代表解的目标函数值。在迭代寻优过程中，低绝对亮度的个体被高绝对亮度的个体吸引并向其移动，移动距离主要由这对个体间的吸引度决定，而吸引度又与这对个体的相对亮度成比例。具体来说，低绝对亮度的个体根据移动公式不断更新自己的当前位置，并重新计算其绝对亮度。随着算法的迭代进行，种群中的萤火虫个体最终都会聚集到最亮的萤火虫周围，而最亮的萤火虫所处的位置即是待求解问题的最优解。

萤火虫算法的基本框架如算法 1.5 所示。

算法 1.5 萤火虫算法

1）设置萤火虫种群的规模 N、最大迭代次数 T、初始吸引度等参数；

2）初始化萤火虫种群；

3）萤火虫种群迭代寻优的循环：

　　{①计算当代种群个体的绝对亮度（即目标函数值）；

　　②按绝对亮度对当代种群进行排序；

　　③发现当代种群中具有最高亮度的个体；

　　④计算其他个体与最高亮度的个体之间的距离、相对亮度和吸引度，按位置更新公式计算每一萤火虫的位置，使其向最高亮度个体所处的位置移动；

　　⑤如果满足算法终止条件，退出循环，否则，迭代次数加 1，继续 3）；}

4）输出迄今为止具有最高亮度的最优解。

萤火虫算法具有如下优点[16]：

1）搜索能力强，由于个体间的短距离吸引更强于长距离的吸引，萤火虫算法能够将种群优化灵活地划分为小的子群优化，因此它能够高效地求解非线性、多模态的复杂优化问题。

2）求解质量高，萤火虫算法既不使用历史的最优个体，也不明确使用全局最优个体，所以能够避免解停滞进化的早熟现象。

3）易并行、速度快，萤火虫算法的种群迭代寻优中，每个个体与最高亮度个体的距离计算、吸引度计算和位置移动都可以并行进行。

该算法一经提出，便引起了众多科研人员的广泛关注。一方面，研究人员对算法本身进行了深入的研究；另一方面，许多学者进一步拓宽了算法的应用范围，已涉及连续优化（continuous optimization）、组合优化、约束优化（constraint optimization）、多目标优化等各种优化问题，以及分类（classification）、聚类（clustering）、工业优化（industrial optimization）、图像处理（image processing）、天线设计（antenna design）、机组组合（unit commitment）、设施选址（facility siting）、蛋白质复合物发现（protein complex discovery）、脑效应连接网络学习（brain effective connectivity network learning）等工程问题。

4

轻盈飞舞的蝴蝶（Butterfly）

蝴蝶，在中国传统文化中常被赋予美好的寓意。早在战国时期，《庄子·齐物论》中庄周梦蝶的典故，就表达了庄子希望人们轻松快乐、与自然和谐共舞的美好愿望。古往今来，很多著名的古诗词也都借蝴蝶来表达对美好生活的追求和向往。比如，宋代诗人韩淲（biāo）的《春吟》、释行海的《春兴》、洪咨夔（Kuí）的《春思三绝》都用蝴蝶来表达对春回大地美好生活的期盼。众所周知，蝴蝶由蛹破茧而出，其身体不仅通过摆脱束缚获得了自由，而且也实现了由丑到美的升华，成为昆虫王国的佳丽。大家熟悉的梁祝化蝶的爱情故事，尽管是一个悲剧故事，但故事结尾形影相随的一对蝴蝶则代表了人们对美好而永恒爱情的向往和希冀。

儿时，我在自己家的院子里，常能看到不知从何处飞来的蝴蝶，尤其是在春暖花开、万物复苏的日子里。最常见的是白色粉蝶，它们体形不大，黑鼓鼓的小眼睛上顶着两根直直的触角，翅膀大多是白色的，也有黄色的，翅缘大多有黑色斑纹。有时也会见到体形大、颜色更为艳丽的玉带凤蝶。它们在树叶或花丛中轻盈飞舞，偶尔也会落在花蕊上，将一个长长的像嘴巴似的器官插入花蕊中吸食里面的食物。每当人们蹑手蹑脚地靠近时，它们常会警觉地飞起，在空中扇动翅膀，它们身上斑斓的色彩成为点缀大自然的一道别样风景。所以，人们也称它们为会飞的花朵。那么，拥有美丽外表的蝴蝶，都有哪些独特的行为特征和生活习性呢？

4.1 蝴蝶的觅食行为

蝴蝶是一类种类繁多的鳞翅目昆虫，目前全世界有记载的种类已接近 2 万种。我国是蝴蝶资源非常丰富的国家之一，有 2000 多种不同大小、色彩的蝴蝶。一般来说，同种蝴蝶具有相同的遗传信息，有着相似的形态、生活习性，并能通过交配繁衍后代。

人类的科学研究发现，蝴蝶在地球上已经存活了数千万年，其生存最大的依赖就是它拥有强大的感觉器官。像人一样，蝴蝶有嗅觉、触觉、视觉、味觉和听觉等感觉。因为含糖的花蜜能够给蝴蝶足够的能量使其飞翔，所以大多数蝴蝶会以花蜜作为主要食物。在觅食过程中，蝴蝶会充分利用丰富的感觉进行飞行定位和寻找花蜜。蝴蝶的嘴通过进化变成了喙，它是一个细长的管状器官，能够从花或植物中吸食液体，但不能咀嚼固体食物。喙平时蜷缩在下巴底下，当蝴蝶发现花蜜或营养液体时，才会展开长长的管子饱饮一顿。蝴蝶生有一对复眼，尽管每个复眼由 15000 多只小眼组成，能够观察很多方向，但其视力范围相当有限，一般仅能看清 3 ～ 4 米内的物体。因此，蝴蝶主要是依靠其最敏锐的嗅觉来发现食物、寻找配偶和逃离有毒的植物。为了发现远处的花蜜源，蝴蝶通常会使用遍布在触角、腿等身体各处的感觉接收器来闻花蜜散发的香味。这些接收器又被称为化学物质的感受器，它们实质上是蝴蝶身体表面的嗅觉神经细胞。在繁殖期，成年雌蝶能够发出吸引雄蝶的一种气味分泌物——信息素，雄蝶也是依靠这些感觉接收器来识别雌蝶的信息素，并发现最佳雌蝶作为自己的配偶以更好地繁衍后代。图 1.6 所示为我们平时常在花丛中看到的 3 种蝴蝶，它们正飞落在喜欢的花上饮食花蜜。

图 1.6　正在饮食花蜜的蝴蝶

4.2　蝴蝶算法

生物学家的研究发现，蝴蝶的感觉器官不仅能够非常精准地定位香味来源，而且能够区分不同的香味、感知香味的浓度大小。2015 年，印度学者 Arora 等通过对蝴蝶群觅食行为的计算机模拟，提出了蝴蝶算法（butterfly algorithm，BA），用来求解多变量的函数优化问题[17]。算法的主要思想如下：一群蝴蝶被想象为能够在状态空间中进行优化搜索的智能体，其中，每只蝴蝶个体所处的位置代表函数优化问题的一个可行解，该位置的函数值代表解的适应度。像不同的花拥有不同的花香一样，不同位置的蝴蝶个体会产生浓度不同的香味，且香味浓度大小与个体的适应度密切相关。也就是说，一只蝴蝶从一个地方移动到另一个地方，它的适应度会发生相应变化。而且，蝴蝶香味的传播具有一定的物理范围，即只有在香味传播范围内的蝴蝶才能感受到香味的存在。利用这样的方式，蝴蝶之间能够共享各自的信息，并形成一个群体的社会知识网络。具体来说，当一只蝴蝶能够感受到其他任一蝴蝶的香味时，它将向有香味的地方移动，这个过程模拟有引导的全局勘探。当一只蝴蝶无法感受到它周边的香味时，它将随机移动一步，这个过程模拟随机的局部开采。该算法所遵循的理想化规则如下[18]：

1）每只蝴蝶像花一样，都可以发出一定浓度的香味，蝴蝶群利用香味来完成蝴蝶间的相互吸引。

2）吸引的强弱直接与蝴蝶发出的香味浓度大小成正比，即浓度越大，吸引力越强，这一规则将导致每只蝴蝶都会朝周边最香的地方移动。

3）每只蝴蝶发出的香味浓度大小由其所在位置的目标函数值决定。

4）因为刮风、雾霾、下雨等自然因素会影响到香味的传播，所以，利用一个切换概率 p 来控制全局和局部开采。不过，无论是进行全局勘探，还是进行局部开采，蝴蝶的移动都按 Levy 飞行机制执行。Levy 飞行机制是一种基于重尾概率分布的随机搜索策略，该分布的步长范围较大，长步长可对应全局勘探，而短步长可对应局部开采。

基于上述思想，蝴蝶算法的基本框架 [17-18] 如算法 1.6 所示。

算法 1.6　蝴蝶算法

1）设置蝴蝶规模 n、切换概率 p、感觉系数 c、幂指数 a 和最大迭代次数等参数；

2）初始化蝴蝶群，在解空间中随机放置 n 只蝴蝶，用目标函数计算各自的刺激强度 I；

3）蝴蝶群迭代寻优的循环：

 {① 利用 c、a、I 及香味函数式，计算蝴蝶群中每个个体的适应度值；

  ② 发现目前为止适应度最好的蝴蝶，并记录其位置；

  ③ 蝴蝶群的一步移动：

   { 为每只蝴蝶产生一个在 [0,1] 范围内的随机数 r；

   如果 r<p，则向当前最好的蝴蝶位置移动一步，执行全局 Levy 飞行搜索；

   否则，蝴蝶随机移动一步，执行局部 Levy 飞行搜索；}

  ④ 如果达到最大迭代次数，则退出迭代循环，否则，迭代次数加 1，继续 3）；}

4）输出迄今为止具有最好适应度的蝴蝶位置（最优解）。

蝴蝶算法是新近提出的一种群智能优化算法，该算法过程简单，实现容易，需要的参数也比较少，一经提出便引起人们的广泛关注。目前已被推广应用于故障诊断（fault diagnosis）、再生系统（regeneration system）、组织培养（tissue culture）、弹簧设计（spring design）、焊接梁设计（welding beam design）、轮系设计（gear train design）等工程领域。

4.3　帝王蝶的迁徙行为

蝴蝶以花蜜等植物营养液体为食，它们喜欢待在能够连续提供丰富花蜜的栖息地。但是，大自然中并不是每个地方都能一年四季连续提供丰富的花蜜，因此，有些种类的蝴蝶为了寻找花蜜，不得不在季节更迭时远行，进行大规模的季节性迁徙。例如，生活在北美的帝王蝶就是这类蝴蝶，它们外表以橙黄和黑色相间图案为主，雌性和雄性帝王蝶因为有着颜色深浅不同的翅膀，所以比较容易识别出雌雄。

每年夏天，栖息在北美落基山脉东侧的数千万乃至上亿只帝王蝶会结伴从加拿大南部、美国北部向南飞行数千英里（1 英里≈1.61 千米）到达墨西哥的山林中过冬。到了次年春天，在墨西哥过完冬的帝王蝶则会一路北上，重新回到北边的栖息地。在迁移的途中，雌性帝王蝶会在合适的栖息地多次产卵并繁殖后代。无论是从迁徙规模还是从迁徙距离来说，帝王蝶的每次迁徙都会形成地球上一道波澜壮阔的自然景观。

4.4　帝王蝶优化算法

2019 年，江苏师范大学的王改革教授通过对帝王蝶迁徙行为和适应环境行为的计算机模拟，提出了帝王蝶优化（monarch butterfly optimization，MBO）算法，用来求解多变量的函数优化问题 [19]。与蝴蝶算法类似，每个蝴蝶个体所处的位置代表函数优化问题的一个可行解，该位置的函数值代表解的适应度。算法的主要思想是通过模拟迁徙和适应环境的行为在解空间内进行优化搜索。在两种搜索过程中，都采取逐维度变化的方式来进行位置的更新，而不是采用常用的全维度改变的方式来进行位置的调整。该算法所遵循的理想化规则如下 [19]：

1）种群中所有的帝王蝶都分布在大陆 1 和大陆 2 上，即大陆 1 和大陆 2 上栖息的帝王蝶构成算法的整个种群。

2）在大陆 1 或大陆 2 上栖息的父代帝王蝶利用迁移操作产生子代帝王蝶。

3）为了控制种群规模，父代个体生成子代个体后，父子个体逐对进行适应度的对比，如果生成的子代个体更优，则用子代个体取代父代个体，否则，忽略子代而保留父代个体。

4）具有最好适应度的帝王蝶个体将自动保留到下一代，没有操作能够改变它们。

基于上述思想，帝王蝶优化算法的基本框架 [19] 如算法 1.7 所示。

算法 1.7　帝王蝶优化算法

1）设置大陆 1 和大陆 2 上帝王蝶规模 NP_1 和 NP_2、迁移率 p、适应率 a 和最大迭代次数 MaxGen 等参数；

2）初始化帝王蝶种群，在解空间中随机放置 n 只帝王蝶（n= NP_1+NP_2）；

3）计算帝王蝶每个个体的适应度，发现适应度最好的蝴蝶，并记录其位置；

4）帝王蝶群迭代寻优的循环：

　{① 将当前种群随机划分为大陆 1 和大陆 2 上的两个子群；

　② 对于在大陆 1 上的 NP_1 只个体执行迁移操作：

　　{对于个体的每一维进行如下更新：

　　　{为每一维产生一个在 [0,1] 范围内的随机数 r_1；

　　　　如果 $r_1 \leqslant p$，则用从 NP_1 中任选的另一个体的对应维进行本维的位置更新；

　　　　否则，从 NP_2 中任选一个个体，利用其对应维进行本维的位置更新；}}

　③ 对于在大陆 2 上的 NP_2 只个体执行适应操作：

　　{对于个体的每一维进行如下更新：

　　　{为每一维产生一个在 [0,1] 范围内的随机数 r_2；

　　　　如果 $r_2 \leqslant p$，则用当代种群中最好蝴蝶位置的对应维来更新本维；

　　　　如果 $p < r_2 \leqslant a$，则用从 NP_2 中任选的另一个体的对应维进行本维的位置更新；

如果 $r_2 > p$ 且 $r_2 > a$，则利用 Levy 飞行机制更新本维的位置；}}

④ 组合新生成的两个子群形成新的种群；

⑤ 对新种群进行适应度计算，发现当代种群中最好的蝴蝶，并记录其位置；

⑥ 如果达到最大迭代次数，则退出迭代循环，否则，迭代次数加 1，继续 4)；}

5）输出迄今为止具有最好适应度的帝王蝶位置（最优解）。

帝王蝶优化算法是一种基于北美帝王蝶群的季节性迁徙行为而提出的群智能优化算法。该算法的整个种群按栖息地分为两个子种群，子种群 1 模拟迁徙过程，利用两个子种群中的个体进行交叉和协同进化；子种群 2 模拟适应过程，利用当代种群中最优个体和子种群 2 中的个体进行竞争和优化。算法利用迁移率、适应率等参数控制搜索方向，实现种群的动态演化，进而找到全局最优解。该算法虽然提出时间不长，但已引起研究人员的很多关注，目前已在特征选择（feature selection）、喷涂路径组合优化（spraying path combination optimization）、云环境下负载不均衡（load imbalance in the cloud environment）、物流仓储选址（logistics warehousing site selection）、应急物资车辆调度优化（optimization of vehicle scheduling for emergency supplies）、入侵检测（intrusion detection）等问题中有一些成功的探索和应用。

飘逸飞翔的蜻蜓（Dragonfly）

蜻蜓是世界上复眼中小眼数量最多的昆虫，它的眼睛又鼓又大，几乎占据了半个头部。蜻蜓的头部下方是短而粗的一小段身体，身体的两侧长有两对翅膀，身体下面长着 6 条细长腿，身体后部则是一大段细而长的腹部。说起蜻蜓，很容易想起宋代诗人杨万里在《小池》中的"小荷才露尖尖角，早有蜻蜓立上头"。这句诗用清新、通俗的文字，前呼后应地描绘了荷叶与蜻蜓相依相偎的自然景象。其实，蜻蜓不仅能够给我们带来自然的和谐美，而且也是大自然带给人类的一件礼物。因为蜻蜓是一种食肉性益虫，它们专门以苍蝇、蚊子、叶蝉、虻蠓、蝶蛾等农作物害虫为食，所以它们的存在有助于农作物的健康成长。图 1.7 所示为一只正在长叶植物上休息的红蜻蜓。

图 1.7 一只正在长叶植物上休息的红蜻蜓

我们在生活中经常会遇到蜻蜓，尤其是在雨过天晴后，一些积水的浅水面上空常会飞来很多蜻蜓。蜻蜓的飞行动作轻盈，姿态优美。它们时而成群结队飞翔，时而几只相互追逐嬉戏，时而单只独自贴近水面点水。那么，除了平时我们能够看到的这些现象，蜻蜓还有哪些有趣的生活习性呢？

5.1 蜻蜓的成长、捕食和避敌

蜻蜓是一类种类繁多的昆虫，全世界有 5000 多种。在我国，蜻蜓的种类有 300 多种。蜻蜓一般喜欢生活在潮湿的环境中，它们经常出没在池塘、河流、水库、沟坝附近。实际上，蜻蜓的这个生活习性是由其繁殖方式决定的。蜻蜓的一生包含 3 个阶段：卵、稚虫和成虫。蜻蜓点水就是成虫将受精卵产入水中，卵在水中孵化后成为稚虫（又称水虿）。因为稚虫的生长期占据了蜻蜓一生的大部分时间，所以可以说蜻蜓一生的大部分时间都生活在水里。稚虫在水中用鳃呼吸，通过捕食其他水生生物（包括小鱼苗）而逐渐成长发育起来，并经过多次蜕皮，最终变成终龄稚虫。终龄稚虫通常在羽化前几个小时爬出水面，攀附在一个结实的物体（石头、树枝、芦苇秆等）上面开始蜕皮，并通过"金蝉脱壳"变成带翅膀的成虫。有了翅膀之后，蜻蜓才能够离开水，开始在天空中展翅飞翔。与大多数昆虫一样，蜻蜓也分雌性和雄性。不过，蜻蜓成虫的交配姿势比较独特。通常，雄性蜻蜓先用长在腹部末端的抱握器握住雌性蜻蜓的头或前胸，然后通过引诱性动作让雌性蜻蜓将其腹部前弯，接触到自己腹部的交尾器，最后形成一个环形的交合结构。蜻蜓的整个交配过程一般会持续数秒或数小时。

除交配外，蜻蜓还有一个有趣的行为，那就是它们拥有一种独特而少见的聚集行为。蜻蜓聚集的目的主要是捕食和避敌。有人把蜻蜓的捕食聚集称为静态聚集，而把蜻蜓的避敌聚集称为动态聚集 [20]。在静态聚集中，当蜻蜓群进行捕食时，蜻蜓会成群结队，在一小块区域内来回飞行，围困并捕食飞蛾和蚊子之类的其他飞行猎物，如图 1.8（a）所示。在动态聚集中，当蜻蜓群遭遇天敌（捕食者）时，蜻蜓会临时组成数量不等的多个小群体，分别向某一个方向长途迁徙以分散捕食者的注意力，通过四处逃散来躲避天敌的攻击，如图 1.8（b）所示。局部运动和飞行路径的突变是这个聚集过程的主要特征。

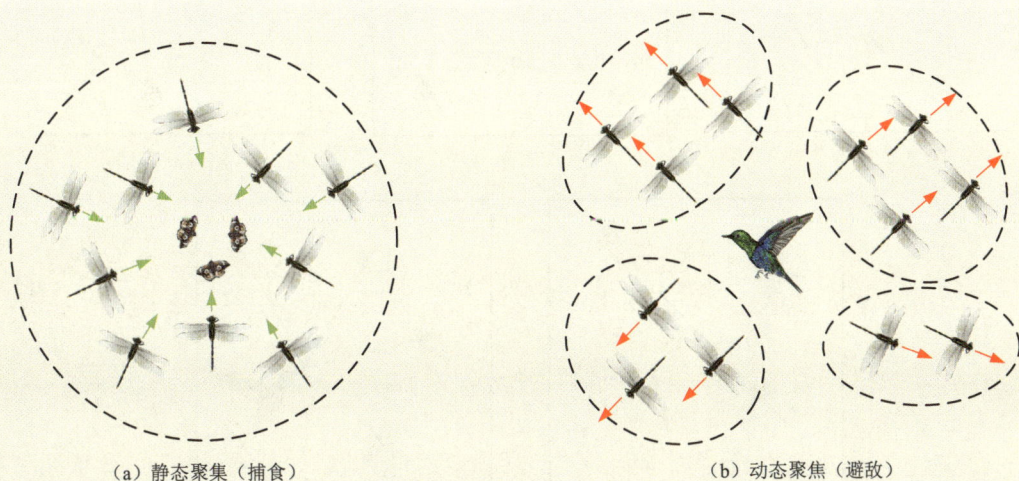

（a）静态聚集（捕食）　　　　　　　　　　　　（b）动态聚焦（避敌）

图 1.8　蜻蜓的静态聚集和动态聚集示意图

5.2 蜻蜓算法

受蜻蜓静态聚集和动态聚集行为的启发，澳大利亚学者 Mirjalili 于 2016 年提出了蜻蜓算法（dragonfly algorithm，DA）[20]。该算法将蜻蜓静态聚集和动态聚集行为分别映射为元启发优化中的开采和勘探过程。具体地，蜻蜓在静态聚集中成群结队地从不同方向飞向同一区域，可以看作是对该区域进行的一种局部邻域开采；而在动态聚集中分不同的子群朝不同方向分散飞行，可以看作是对该区域进行一种扩大范围的勘探。此外，结合文献 [21] 中对昆虫群落分布式行为应遵循的 3 个基本规则——分离、对齐、凝聚，蜻蜓算法共建立了 5 个行为模型，具体表述如下。

1）分离（separation）：是指在群落的飞行过程中每个个体与邻近的其他个体之间应保持一定距离以避免相互碰撞。

2）对齐（alignment）：是指为维系整个群落动作的一致性，每个个体的速度应与邻近的其他个体的速度相匹配。

3）凝聚（cohesion）：是指为了保证群落的聚集度，每个个体向所在群体中心靠拢的趋势。

4）食物吸引（attraction to food）：如果将群落中最优个体所在的位置看作是食物，那么所有个体都会受食物的吸引而向其移动。

5）天敌驱散（distraction from enemy）：如果将群落中最差个体所在的位置看作是入侵的天敌，那么所有个体都会受天敌的驱散而向外移动。

5 个行为模型的示意图分别如图 1.9（a）～（e）所示，红色箭头为蜻蜓在行为模

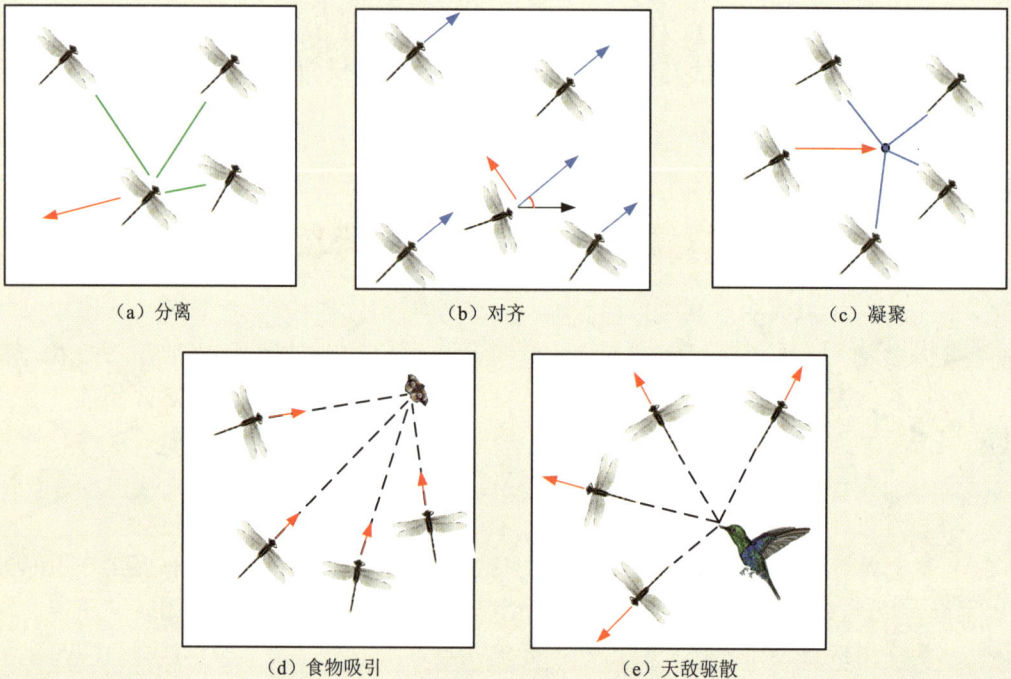

（a）分离   （b）对齐   （c）凝聚

（d）食物吸引   （e）天敌驱散

图 1.9　蜻蜓的 5 种行为模型示意图

型中的正确方向。蜻蜓算法中每个蜻蜓个体的行为都是这 5 种行为模式的组合。

基于上述思想，蜻蜓算法求解单目标优化问题的基本框架[22] 如算法 1.8 所示。

算法 1.8　蜻蜓算法

1) 设置种群规模 n、邻居半径 M、惯性因子和最大迭代次数等参数；
2) 初始化蜻蜓种群，在解空间中随机放置 n 只蜻蜓，并初始化各自的步长移动矢量；
3) 蜻蜓种群迭代寻优的循环：

　　{计算蜻蜓种群中每个个体的适应度；

　　发现并更新食物（最佳适应度个体）和天敌（最差适应度个体）位置；

　　更新 5 种行为在行为组合中的权系数；

　　利用 5 种行为模型的数学公式计算各自的行为值；

　　更新本次迭代的邻居半径；

　　for i=1 to n　// 对于种群中每个个体进行优化更新

　　{如果一只蜻蜓在邻域内至少有一个蜻蜓，那么

　　　{加权 5 个行为值，并利用惯性因子结合原步长移动矢量，更新个体的步长；

　　　利用新的步长移动矢量，更新个体的位置；}

　　　否则　{利用 Levy 机制，个体进行随机游走以更新个体的位置；}

　　　核对并校正该个体的新位置，使其落在定义域内；}

　　如果达到最大迭代次数，则退出迭代循环，否则，迭代次数加 1，继续 3）；}

4) 输出迄今为止具有最好适应度的蜻蜓位置（最优解）。

综上可见，蜻蜓算法是受自然界中蜻蜓群体捕食和避敌行为的启发而提出的群智能优化算法。该算法一经提出就受到人们的广泛关注，迄今为止，不仅派生出很多改进算法，而且也扩展了很多新的应用。在算法方面，二进制蜻蜓算法、混沌蜻蜓算法、自适应蜻蜓算法、基于模糊的蜻蜓算法、精英对抗蜻蜓算法、基于聚类的蜻蜓算法、多目标蜻蜓算法等相继被提出。还有一些研究将蜻蜓算法与遗传、模拟退火、量子进化、差分进化、蚁群、蜂群、粒子群等算法相结合，提出了不少性能更优的混合算法。在应用拓展方面，一些学者开展了很多积极而有益的研究和探索。具体地，在组合优化方面包括特征提取（feature selection）、功率流优化（optimal power flow）、旅行商（travel salesman）、资源分配（resource allocation）、PID 控制（PID control）、车辆路由（vehicle routing）等问题；在约束优化方面包括经济调度（economic dispatch problem）、分布式发电机（distributed generator）、最佳无功功率补偿（optimal VAR reactive power compensation）、接入点部署（access point deployment）、应力集中系数（stress concentration factor）、全局最大功率点跟踪（global maximum power point tracking）等问题；在连续优化方面包括人工神经网络训练、同心圆天线阵（concentric circular antenna array）、最优谐波无源滤波器（optimal harmonic passive filter）、无线节点定位（wireless node localization）、图像划分（image segmentation）、最优 IIR 滤波器设计（optimal

IIR filter design）、热参数估计（thermal parameters estimation）、射频识别网络（RFID network）、地基承载力评估（bearing capacity assessment of foundation）、医学图像（medical images）、多层感知器（multilayer perceptrons）等问题。

喜欢扑火的飞蛾（Moth）

"飞蛾扑火"是大家比较熟悉的一个成语。字面的意思是飞蛾喜欢冒着被火烧的风险扑向火焰的行为。我国民间也流传着"飞蛾扑火自烧身"的谚语，隐喻那些为追求名利，不惜牺牲前途，自取灭亡的行为。不过，也有一些文学作品对飞蛾扑火行为赋予了别样的含义。比如，南朝（宋）文学家鲍照在《飞蛾赋》中用"飞蛾候明""赴熙焰之明光""本轻死以邀得"等词句热情讴歌了"飞蛾扑火"光明磊落的勇敢无畏精神。

很多人喜欢看《西游记》，在"孙悟空三打白骨精"的故事中，唐僧看到孙悟空打死白骨精装扮成的一家人时，误解了悟空的除妖行为，怒斥道"扫地恐伤蝼蚁命，爱惜飞蛾纱罩灯"，教育悟空做人做事要心地慈善，爱惜众生，不要伤害世间的任何一个生命。这句话从侧面又一次说明，飞蛾确实喜欢扑火，那么飞蛾扑火的真实原因是什么呢？

6.1　飞蛾的定向导航机制

在自然界中，飞蛾的种类多达16万种以上。从外形上看，飞蛾是一种与蝴蝶高度近似的奇特昆虫。不过，与蝴蝶最大的不同是飞蛾大多在夜间活动，并喜欢在光亮处聚集。飞蛾的生长发育与蝴蝶一样，都属于完全变态的昆虫，其一生要经历卵、幼虫、蛹和成虫4个生长阶段。大部分飞蛾幼虫会啃食农作物、果树、林木的枝叶，所以它们对农作物来讲是害虫。但飞蛾成虫一般很少进食，不会再危害农作物。此外，无论是幼虫还是成虫，飞蛾自身都是鸟类、爬行类、两栖类等食虫性动物的主要食物，故是自然界食物链中的重要一环。

已在地球上生存了两亿多年的飞蛾，通过漫长的进化，学会了一个神奇的横向定位导航机制，即飞蛾在黑夜中探索飞行方向时，总是以远处发光的月亮为"灯塔"来导航前行。具体来说，飞蛾在飞行时，总是使自己的眼睛与月光保持一个固定的角度，这样不仅能够成功绕过途中障碍物继续向前，而且也能尽快辨别方向沿直线飞行。其实，人类有时也会利用类似的导航机制。假想一群游客在夜间想向东经过一片浩瀚无际的大草原，此时，恰逢一轮明月高高地悬挂在夜幕的南边。如果这群人在行走过程中始终让月亮保持在他们的右边，那么他们肯定能够沿着直线走过草原到达东方。尽管飞蛾有这样的导航机制，但我们也会经常发现：在一些路灯下飞蛾会沿螺旋形轨迹绕着路灯打转，有时身体撞在灯罩上或电线杆上，摔落后，又重新飞起来继续绕着转……，呈现出我们熟悉的"飞蛾扑火（灯）"现象。那么，拥有同一导航机制的飞蛾，为什么会有如此两种不同的结果呢？原因很简单，在两种情况下，飞蛾与光源距离的远近不同，这会导致横向定位导航机制产生截然不同的结果[23]。如图 1.10（a）所示，当飞蛾与月亮间的距离非常远时，执行保角度定位飞行机制就能够保证其飞行路线是直线的。如图 1.10（b）所示，当飞蛾与灯之间的距离比较近时，尽管飞蛾仍旧遵守祖先进化来的保角度定位飞行机制，但此时它只能绕着灯进行螺旋式飞行，最终慢慢地靠近发光的灯。

（a）远光源的定位直线飞行　　　　　　　　　　（b）近光源的螺旋式飞行

图 1.10　飞蛾的两种飞行

6.2　蛾焰优化算法

受飞蛾围绕火焰飞行，最终聚集在火焰处的行为启发，澳大利亚学者 Mirjalili 于 2015 年提出了蛾焰优化（moth-flame optimization，MFO）算法[23]。该算法用飞蛾和火焰表示待求解问题的解，用适应函数来评价解（位置）的优劣。飞蛾个体可以在候选解空间内进行飞行，飞蛾的每个飞行位置都代表一个可行解。火焰可以看作是飞蛾在搜索空间内设立的旗帜，用来引导飞蛾的飞行方向。每只飞蛾的每次飞行都要指定一个引导的火焰，让飞蛾在该火焰周围进行搜索，并用迄今为止搜索到的局部最优位置来更新火焰位置，以找到更好的解。

算法主要包括初始化、更新飞蛾位置、调整火焰数量 3 个过程。其中，更新飞蛾位置是最重要的过程，它模拟了飞蛾围绕火焰进行螺旋式飞行以在搜索空间内完成搜索的过程。算法将该过程建模为以火焰为中心，以飞蛾与火焰距离 D、收敛常量 r 定义的随机数 t（值域为 [-1,1]）为参数的一个对数螺旋函数。该函数有如下特征：①通过改变 t，一个飞蛾能够收敛于其中心火焰邻域内的任何位置；②t 值越小，飞蛾与火焰的距离越近；③随着飞蛾越来越靠近火焰，火焰两侧位置更新频率将逐渐增加。如果算法一直在搜索空间中 n 个不同位置让飞蛾进行同等质量解的搜索，则可能会降低利用更有希望的解获得全局最佳解的机会。为了解决该问题，MFO 算法设计了调整火焰数量的规则，使火焰数量随着迭代次数的增加而逐渐减少，从而让算法在收敛后期更聚焦于比较有希望的解的位置附近进行更细致的搜索。

在算法的每次迭代中，火焰序列的位置会根据飞蛾群目前搜索到的最佳解进行更改，每个飞蛾个体则根据火焰序列中引导火焰的更新来更新自己的位置。也就是说，飞蛾个体位置的更新是发生在不同的火焰周围的。这种机制会导致飞蛾在搜索空间中突然移动，从而有效地保证了对各个局部最优位置周围的全面搜索。此外，算法以多个火焰为旗帜（中心）来引导飞蛾位置的优化，也有利于对搜索空间进行较全面的搜索，从而逃离局部最优点。

蛾焰优化算法求解单目标函数优化问题的基本框架 [24] 如算法 1.9 所示。

算法 1.9　蛾焰优化算法

1）设置种群规模 n、最大迭代次数等参数；

2）随机初始化飞蛾种群：

　　{ 在解空间中随机放置 n 只飞蛾，依其位置计算飞蛾个体的适应函数值；}

3）飞蛾种群迭代寻优的循环：

　　{ 利用火焰数量调整规则，计算火焰的数量 d；

　　　如果是第一次迭代，那么从飞蛾初始种群中挑选 d 个最好个体的位置赋予火焰；

　　　　否则，从上代、本代种群中挑选 d 个最好个体的位置赋予火焰；

　　　更新火焰的适应函数值；

　　　for i=1 to n// 对于种群中每个飞蛾个体进行优化

　　　for j=1 to d// 围绕每个火焰进行优化

　　　{ 更新收敛常量 r 及其相关随机数 t 的值；

　　　　　计算飞蛾与相应火焰的距离 D；

　　　　　利用对数螺旋函数，计算并更新飞蛾个体的新位置；}

　　　如果达到最大迭代次数，则退出迭代循环，否则，迭代次数加 1，继续 3）；}

4）输出迄今为止具有最好适应度的飞蛾位置（最优解）。

近几年，人们对蛾焰优化算法进行了各种更新，以适应优化问题搜索空间中的不同过程，如多目标优化、二进制优化和混合优化。与此同时，蛾焰优化算法已被推广应用于很多问题的求解，如基准优化（benchmark optimization）、化学（chemistry）、经济（economic）、网络（networks）、图像处理、医学应用（medical applications）、电力调度（power dispatch）和工程优化（engineering optimization）等问题。

7

嗅觉发达的果蝇（Fruit Fly）

　　果蝇，是一种小小的昆虫，它因喜欢飞落在水果上觅食而得名。但真正让果蝇名扬天下的，可能是遗传学之父——美国哥伦比亚大学的生物学教授摩尔根的果蝇实验。我们知道，虽然人体细胞只有 23 对染色体，但却拥有成千上万种遗传特征。类似地，尽管果蝇细胞只包含 8 条染色体（6 条常染色体，2 条性染色体），但却有几十个容易观察的特征，如个体的大小、触须的形状、眼睛的颜色以及翅的长度等。为了解释每一个生物细胞中的染色体数目远小于其遗传特征数目，摩尔根以果蝇为实验对象进行了一系列实验。首先，摩尔根通过短翅果蝇与长翅果蝇的杂交，证明了分离规律的适用性。然后，摩尔根利用放射性射线照射一群红眼睛的果蝇，结果出现了一只白眼睛的雄果蝇。接下来，他用这只白眼雄果蝇和其他红眼雌果蝇进行交配，在繁殖后代中观察到所出现的白眼果蝇全是雄性，从而发现了伴性遗传这种特殊的遗传方式。通过后续进一步的实验研究，摩尔根最终发现：一条染色体上可以带有许多遗传因子。这才是生物染色体数目远远小于其遗传特征数的内在原因。因摩尔根对遗传学的贡献，他于 1933 年获得了诺贝尔生理学（医学）奖。果蝇作为摩尔根的实验对象也因此而被更多的人所知晓。

　　在现实生活中，人们经常会看到果蝇，尤其是在炎热的夏天，图 1.11 所示为一只

图 1.11　一只正在绿叶上休息的果蝇

正在绿叶上休息的果蝇。很多时候，如果家里的水果不慎腐烂、变质了，或者我们在垃圾袋里遗弃了果皮，用不了多久，我们就会发现上面落满了不知从何而来的果蝇。面对这些从天而降的不速之客，人们不禁会问，果蝇来自何方？它们是怎么找过来的呢？

7.1 果蝇的寻食行为

果蝇是一种果蝇科昆虫。虽然果蝇体长一般不足 4 毫米，属于小型蝇类，但种类繁多，目前已描述的物种已超过 4000 种，主要分布在热带和温带地区。果蝇的身体以黄褐色为主，也有些果蝇颜色是黑色的。无论何种颜色，果蝇的头部一般都长有一对庞大而鲜红的复眼。果蝇分雌性和雄性，雌性果蝇通常会比雄性果蝇略大。因为果蝇主要以腐烂水果滋生的酵母菌为食，所以我们经常能在腐败水果、蔬菜的周围看到成群的果蝇。果蝇在腐败水果或其他腐败植物中的生活周期可分为卵、幼虫、蛹、成虫 4 个阶段。尽管成虫存活的时间大约只有 15 天，但果蝇的繁殖速度很快，在适宜温度下（25℃），10 ～ 12 天就可繁殖一代。

果蝇的嗅觉、视觉都非常发达，这也是它们赖以生存的基础。在寻找食物的过程中，它们首先利用自己敏锐的嗅觉器官来识别空气中的各种气味。辨识完食物源后，果蝇会有选择地飞向相应的目的位置。果蝇的体形小，它们很容易穿过纱窗从户外飞进室内。而且，与其他昆虫物种相比，果蝇有着非常敏感的视觉器官。当它们接近食物位置时，它们会用自己的视觉找到食物，然后聚集在食物上进行觅食。这也是我们住在高层的楼房中平时看不到果蝇的身影，但当有水果腐烂时，不一会儿就会招来许多果蝇的原因。图 1.12 给出了 4 只果蝇觅食过程的示意图：图 1.12（a）凭借嗅觉识别气味、发现远处的香蕉；图 1.12（b）通过嗅觉与视觉等器官相配合定位并找到香蕉；图 1.12（c）津津有味地摄入香蕉，直到身体出现膨胀感时，才会终止进食。

| （a）识别、发现香蕉 | （b）定位、找到香蕉 | （c）摄入、饱食香蕉 |

图 1.12 果蝇觅食过程示意图

7.2 果蝇优化算法

通过对果蝇寻食行为的计算机模拟，中国台湾学者潘文韶于 2011 年提出了果蝇优化（fruit fly optimization，FFO）算法[25-26]。该算法以果蝇找到的食物位置表示待求解问题的解，用适应函数来评价解（食物位置）的优劣，并通过果蝇的移动来寻找新的食物位置（可行解）。具体地，一群果蝇个体通过不断迭代地寻找食物的新位置来搜索适应函数值最佳的位置（最佳解）。该算法描述的捕食行为主要包括 3 个子过程：初始化阶段、嗅觉觅食阶段、视觉觅食阶段[26]。

1）初始化阶段：设置初始化种群规模、总迭代次数等参数，并在候选解空间内随机选取一个位置作为初始食物的位置。

2）嗅觉觅食阶段：在每次迭代中，以当前最好的食物位置为中心，一群果蝇靠敏锐的嗅觉在候选解空间进行大范围的随机搜索。

3）视觉觅食阶段：对果蝇种群这次迭代所发现的候选解（食物位置）进行适应函数的评估，并通过比较、贪婪地选取适应函数值最佳的解作为本次迭代的最佳解。比较本次迭代的最佳解与历史最佳解的优劣，若本次迭代的最佳解更优，则更新历史最佳解。

其中，嗅觉、视觉觅食包含在果蝇种群的迭代寻优中。

具体地，果蝇优化算法求解函数优化问题的基本框架[26]如算法 1.10 所示。

算法 1.10　果蝇优化算法

1）初始化阶段：
　　{ 设置种群规模 n、最大迭代次数等参数；
　　　利用决策变量的取值范围在候选解空间中随机初始化食物的位置；
　　　将初始食物位置设置为最佳的解位置；}
2）果蝇种群迭代寻优的循环：
　　{ ① 嗅觉觅食阶段：
　　for i=1 to n　// 种群中每个果蝇寻找新的食物
　　{ 以当前最佳的解位置为中心，随机生成每个果蝇的新食物位置；
　　　判断新位置的取值是否超出决策变量的值域，若超出，进行边界修正；
　　　计算每个新位置的适应函数值；}
　　② 视觉觅食阶段：
　　　{ 从每次迭代中找到具有最佳适应函数值的食物位置；
　　　　与历史最佳进行比较，若本次迭代找到更好的解，则更新历史最佳；}
　　如果达到最大迭代次数，则退出迭代循环，否则，迭代次数加 1，继续 2）；}
3）输出迄今为止具有最好适应度的食物位置（最优解）。

从算法框架可见，FFO 算法通过对果蝇利用嗅觉和视觉进行寻食的过程模拟，实现了围绕历史最佳解的随机搜索、贪婪选择最佳解的种群迭代搜索。由于该算法的

原理通俗易懂，步骤简单，求解快速，因此，该算法一经提出，便被成功应用于许多实际问题的求解，包括金融危机（financial distress）、电力负荷预测（power load forecasting）、网络拍卖物流服务（web auction logistics service）、PID 控制器调优（PID controller tuning）、多维背包（multidimensional knapsack）等问题。

二、鸟类篇

8

优雅飞行的鸟（Bird）

鸟是人类最好的朋友。在我国古代，有很多诗人或文学家常常借用鸟的生活习性和形体特征来寄托特定情绪、表达某种情思。以唐代为例，王维在《鸟鸣涧》中用"月出惊山鸟，时鸣春涧中"的诗句借夜色的宁静来表达盛唐时代和平安定的社会气氛；孟浩然在《春晓》中用"春眠不觉晓，处处闻啼鸟"的诗句来表达自己对春天美好生活的渴望；李白在《独坐敬亭山》中用"众鸟高飞尽，孤云独去闲"的诗句来表达自己生命历程中旷世的孤独感。在我国民间，很多鸟也被人们赋予了特定的含义，比如大鹏展翅中的"大鹏"代表志向高远、前途光明，鸳鸯戏水中的"鸳鸯"寓意夫妻和睦恩爱，青鸟殷勤中的"青鸟"象征美好佳音的使者，凤凰来仪中的"凤凰"被视为吉祥的征兆，喜鹊报喜中的"喜鹊"寄托了青年对爱情的渴望，仙鹤延年中的"仙鹤"比喻健康长寿，孔雀开屏中的"孔雀"象征祥瑞的气象……这些寓意充分体现了人与鸟之间的亲密关系。

从儿时到现在，我在家养过的鸟有 10 余种。谈起我对鸟的喜爱，似乎也说不清具体的理由，也许是喜欢听晨曦时悦耳的鸟鸣，也许是喜欢看多彩艳丽的鸟羽，也许是喜欢赏优美婀娜的鸟姿……总之，感觉自己是在不经意间就被鸟的可爱所吸引，成为一名养鸟爱好者。图 2.1 所示为家里最近养的 3 只虎皮鹦鹉和一对牡丹鹦鹉。与家养的鸟儿不同，很多野生的鸟在自然生长环境中都会形成一些群体的协作行为，其目的是提高集体生存和繁衍的机会，降低被攻击的风险。这些行为包括集体栖息在树林中、在大片荒野中聚集觅食、成群结队大迁移等。在我见过的鸟群行为中，给我留下最深印象的还是在家乡的黄土高原上看大雁的南飞。那时候，每到秋高气爽、风轻云淡的晚秋，经常能够听到空中传来"嘎，嘎，嘎——"的叫声，循声望去，就会发现高高的天空上成群的大雁在结队飞行，它们正在进行雁群的南迁。在头雁的带领下，雁群排出一个"人"字队形，体壮的成年大雁顶在最前头，年少的幼年小雁夹在中间，年老的大雁拖在最后，在天空中有序地飞行。偶尔，它们也会通过叫声，变换一下队形，排成"一"字形，但方向始终是朝着那遥远的南方。图 2.2 所示为大雁飞行的队形示意图。大雁会在行进中排成不同的队形，整齐的队伍和优雅的飞行姿态，常令人瞩目。那么，这样整齐有序的飞行队形，是如何形成的呢？

图 2.1　家里养的 3 只虎皮鹦鹉和一对牡丹鹦鹉

图 2.2　大雁飞行的队形示意图

8.1　鸟群的觅食现象与原理

鸟是"飞禽"的总称，是一种能够生活在陆地和空中的高等脊椎动物。鸟的种类和数量非常多，其踪迹几乎遍布整个地球。通常，按照迁徙习性，鸟可分为留鸟、候鸟、漂泊鸟三大类。留鸟是指一年四季生活、繁殖于同一地区的鸟，如我们生活中常见的喜鹊、麻雀等；候鸟是指在春秋两季，往返迁徙于繁殖区和越冬区之间的鸟，如我们平时常见的天鹅、家燕、大雁等；漂泊鸟是指在迁徙过程中没有固定路线和越冬地的鸟类，如啄木鸟。为了寻找食物，候鸟不得不进行一年两次的长途旅行。即使是留鸟和漂泊鸟，为了维持生命，也不得不天天觅食。可见，觅食是鸟类生命中最重要的活动。假设一群鸟飞落在某片田野旁的树上或树旁边的电线上，准备在田野里搜寻食物。如果这片田野仅有非常小的一块小麦地，即使这群鸟原先谁都没有来过小麦地，也不熟悉这片田野的环境，但是，用不了多久，这群鸟仍然能够成功地找到这块小麦地。我们不禁要问，鸟是如何快速发现小麦地的呢？

生物学家的研究发现，鸟保持队形或找到食物最简单而有效的策略是通过搜寻它周边有限数量的邻居同伴，从中找到一只最理想位置的鸟，然后跟随在它的周围。利用这一简单策略不仅能够在迁徙过程中保持整齐而优雅的飞行队形，而且也能完成觅食过程中食物源的快速发现，就好像整个鸟群被整体控制一样。

8.2 粒子群优化算法

1995 年，美国社会心理学家 Kennedy 和电器工程师 Eberhart 基于上述鸟群觅食原理提出了求解连续函数优化的粒子群优化（particle swarm optimization，PSO）算法[27-28]。该算法将鸟群看作是没有质量和大小的粒子群，每个粒子代表了连续函数的一个候选解，解的空间位置用向量表示，其函数值代表粒子的适应值。粒子在解空间中的搜索方向和前进距离由粒子的速度决定。算法的基本思想可以描述为[29]：首先初始化一定规模的一群随机粒子，然后通过迭代优化粒子群的位置来寻找种群中的最优解。在每一次迭代过程中，粒子通过跟踪两个"极值"来更新自己的速度和位置：第一个极值是粒子本身经过多次迭代所找到的最优解，这个解被称为个体极值 Pbest；另一个极值是整个粒子群迄今为止找到的最优解，这个解被称为全局极值 Gbest。在速度和位置更新过程中，不仅要考虑粒子原先的速度和位置，而且也要结合粒子个体的记忆（Pbest）和粒子群体的信息共享（Gbest）来进行更好解的搜索。

粒子群优化算法的基本框架如算法 2.1 所示。

算法 2.1　粒子群优化算法

1）设置种群规模、学习因子、惯性权重等参数；

2）随机初始化粒子种群，随机确定每个粒子的速度和位置，并初始化 Pbest 和 Gbest；

3）粒子种群迭代寻优的循环：

　{① 计算每个粒子的适应函数值；

　② 按照当前的 Pbest 和 Gbest，利用计算公式更新每个粒子的位置和速度；

　③ 如果某粒子本次迭代的适应值比之前记录的 Pbest 更好，则更新 Pbest；

　④ 如果某粒子本次迭代的适应值比之前记录的 Gbest 更好，则更新 Gbest；

　⑤ 如果满足算法终止条件，退出迭代循环，否则，迭代次数加 1，继续 3）；}

4）输出迄今为止具有最好适应值的最优粒子的位置（最优解）。

粒子群算法是演化计算领域中较早的一种代表性优化算法。它具有计算简单、收敛速度快、鲁棒性好等优点，算法一经提出就立刻引起学者们的广泛关注。经过近 30 年的发展，已经积累了丰富的研究成果，这些成果涉及神经网络优化（neural network optimization）、故障诊断、多目标优化、路径规划（path planning）、配电网无功优化（reactive power optimization of distribution network）等实际应用领域。

9

叫喳喳的麻雀（Sparrow）

　　麻雀是我们人类日常生活中最常见的一种鸟。麻雀喜欢生活在有人类居住的地方，无论是城市还是乡村，只要有人居住就会看到它们的身影。虽然麻雀是一种杂食性的鸟，但它主要以谷物和草籽为食。那么，麻雀为什么爱吃谷物呢？传说在4000多年前，人世间根本没有稻谷，地球上大片的土地处于荒芜状态，野草丛生，人们只能靠野果、野菜等充饥，过着极度饥饿的日子。玉皇大帝知道人间的疾苦后，就派天鼠从天上取了一粒谷种准备送给人类播种。天鼠带着谷种刚出天庭，就遇到了一只正在天空中飞行的麻雀。天鼠向麻雀问路，并问它愿不愿意将谷种带往人间。与人类一样，同受饥饿煎熬的麻雀想，如果地球上有了谷食，不仅人类不用挨饿，自己也不用再发愁找不到食物了。于是，麻雀非常高兴地答应了，它接过谷种飞了很久，终于找到一块比较肥沃的土地。麻雀用嘴在地上啄了一个小洞，小心翼翼地把谷种放了进去，然后又盖上一些土。后来，谷种顺利发芽、生长成稻谷。从此，人世间就有了稻谷，人们也过上了通过努力耕种就有粮吃的日子。为了表彰麻雀在谷种传播过程中的努力和贡献，玉皇大帝特意恩准麻雀，允许它在人们种植的稻谷成熟时，去田里吃一些瘪谷。这则传说，不仅给出了麻雀喜欢吃谷物的一种可能原因，也诠释了"与人方便，与己方便"的道理。图2.3所示为4只正在校园小路上捡食的麻雀。

图2.3　在路上捡食的麻雀

9.1　麻雀觅食现象与原理

在中国境内，麻雀分布相当广泛，几乎遍布全国所有的省和直辖市。在人类集居的地方，麻雀多营巢于人类房屋的屋檐、空调内外连接的墙洞、家燕遗留的窝巢等地。在野外，麻雀多筑巢于树洞中，也有勤快的麻雀，会在树杈上自己筑巢。除繁殖、育雏阶段外，麻雀也是一种非常喜欢过群居生活的鸟类。每到小麦、谷子、高粱等收获的夏秋季节，在乡村的打谷场上，经常会有成群结队的麻雀在捡食落在谷秆或散落在地上的粮食颗粒。当有人靠近时，就会"嗡"的一声，数十只甚至数百只麻雀骤然飞起，向四周逃窜，散落在谷场边的树上，叽叽喳喳，叫个不停，显现出极强的警惕性。那么，成群的麻雀是怎样进行团队捕食和感知风险的呢？

生物学家的研究发现：麻雀是一种有记忆能力和一定智慧的鸟类。在一群麻雀的捕食过程中，会有明显的分工，接近一半身强体壮、体力充足的麻雀会作为探测者先去积极地寻找食物源，而另一半余下的麻雀则作为跟随者先待在高处观望，等看到探测者找到食物源后再加入集体的捕食行列。在这两种角色中，有一定比例的麻雀还要兼顾捕食的警戒任务，它们负责感知危险，并进行及时报警。为了高效地找到食物源，麻雀群通常会灵活地运用这种协作的行为策略，而且随着捕食状况的变化探测者和跟随者的角色也会进行相应的切换。在麻雀群捕食的整个过程中，它们随时都会提防其他与自己抢夺食物的攻击者。一旦一只警戒的麻雀发现有捕食者（入侵者）进入，就会发出尖叫声，其他警戒的麻雀也会一起发出尖叫声。若持续的尖叫声能够吓退入侵者，则警戒解除，麻雀群的捕食继续；当遇到人或者麻雀难以吓退的入侵者时，整个麻雀群将弃食而去，飞离食物源。在逃离过程中，原位于麻雀群外围的麻雀会极力逃往远处更安全的地方，而原位于麻雀群中心的麻雀则会随机逃窜到离它较近的伙伴旁边以躲避危险。

9.2　麻雀搜索算法

2020 年，东华大学的薛建凯和沈波通过建立数学模型模拟了麻雀的觅食行为，提出了求解连续函数优化问题的麻雀搜索算法 (sparrow search algorithm, SSA)。该算法的主要思想[30] 如下：

1）算法挑选当前种群中拥有较好函数值的一部分麻雀个体作为探测者，因为它们在搜索过程中负责搜索食物源和指引种群觅食方向，所以它们不仅具有获取食物的优先权，而且能够在比较大的范围内进行搜索。具体来说，在每次迭代过程中，探测者的位置更新规则如下：当警戒的尖叫声小于安全阈值，说明没有危险，麻雀继续在当前位置局部小范围内搜索、觅食；当警戒的尖叫声大于安全阈值，说明有危险，麻雀飞离现在区域，飞往远处寻找安全的地方觅食。

2）种群中余下的麻雀个体作为跟随者，它们开始在远处监视探测者的行动，一旦看到一个探测者发现了一个好的食物源，就会立即离开当前位置飞向食物源进行争食。

如果争食成功，跟随者就得到食物，否则，它继续监视并寻找新的目标。跟随者具体的位置移动将按照一个随机判断条件，分别执行上面两种不同的更新规则。

3）在种群中随机指派少量的（小于20%）麻雀作为警戒者，因角色不同（探测者或跟随者），它们初始的位置也不尽相同。当感知到危险时，位于种群边缘的麻雀会向远处逃窜以寻求更好的食物源（执行更大范围的搜索），而位于种群中央的麻雀则会向邻近的麻雀靠拢（执行较小范围的搜索）。

上述3个过程迭代进行，直至满足某种收敛准则时，麻雀搜索算法结束，并获得最合适的觅食地点（全局最优解）。

麻雀搜索算法的基本框架如算法2.2所示。

算法2.2 麻雀搜索算法

1）设置种群规模、探测者数量、警戒者数量、警报阈值等参数；

2）随机初始化麻雀种群，确定每个个体的角色及相关的参数；

3）麻雀种群迭代寻优的循环：

  { ① 依适应函数值排列个体，发现当前种群中最好的个体和最差的个体；

    ② 利用随机产生器产生一个警报的随机数 $rand_1$；

    ③ 依 $rand_1$ 与警报阈值的比较，探测者按相应公式进行两种不同的位置移动；

    ④ 依设定的判断条件，跟随者按相应公式进行两种不同的位置移动；

    ⑤ 依所在位置的不同，警戒者按相应公式进行两种不同的位置移动；

    ⑥ 对每个个体的新旧位置进行比较，若新位置函数值更优，则更新，否则，不变；

    ⑦ 如果满足算法终止条件，退出迭代循环，否则，迭代次数加1，继续3）；}

4）输出迄今为止具有最高目标值的最优个体的位置（最优解）。

麻雀搜索算法是国内学者新近提出的一种元启发式的搜索算法，一经提出便引起许多学者的广泛关注。短短几年时间，就在算法性能提升和推广应用方面取得了很多拓展，目前已成功用于解决故障诊断、神经网络优化、电力负荷预测（power load forecasting）、中央空调节能控制（central air conditioning energy saving control）等问题。

借巢下蛋的布谷鸟（Cuckoo）

古往今来，在我国民间，一直有关于布谷鸟的传说故事——炎帝耕耘五谷。传说炎帝小时候非常聪明、勤奋，为了让大家一年四季有粮吃，他发明农具（耒耜，lěi sì）、制作陶器，并不断尝试开垦荒地，人工种植粟谷。尽管他天天辛勤劳作，常常累得筋疲力尽，但是几个月过去了，一直没有成功。面对重重困难和未知挑战，炎帝既没有动摇，也没有气馁，他仍然坚持不懈地进行着各种创新和尝试。天上的玉皇大帝听闻后，被这种锲而不舍的精神所感动。于是，玉帝派了一只神鸟从天上带了一些种子下到人间，神鸟把种子撒在炎帝开垦过的土地里。春天来了，这些谷种发芽、生长起来，几个月后便长出了稻（dào）、黍（shǔ）、稷（jì）、麦（mài）和菽（shū）5种谷物。为了让五谷种植在人间并能延续和推广，玉帝决定把这只神鸟留在人间，让它繁衍后代，并在春天来临之际，催促人们下地及时播种。从那以后，每逢春季，神鸟就在人间的田野地头，叫喊着"布谷布谷，尽快播谷！耽误播谷，不收五谷！"，提醒人们要进行春耕和播种。为了感谢神鸟对人间农耕的帮助，人们根据它们的叫声，称它们为"布谷鸟"。

我国古代关于布谷鸟催促人们进行农耕和播种稻谷的诗词屡见不鲜，留下了很多经典名句。比如，唐代李白的《赠从弟冽》，"及此桑叶绿，春蚕起中闺。日出布谷鸣，田家拥锄犁。顾余乏尺土，东作谁相携。傅说降霖雨，公输造云梯"；唐代杜甫的《洗兵马》，"隐士休歌紫芝曲，词人解撰河清颂。田家望望惜雨干，布谷处处催春种"；北宋苏轼的《山村五绝》，"烟雨濛濛鸡犬声，有生何处不安生。但令黄犊无人佩，布谷何劳也劝耕"。尽管表达的情景不同，但这些诗词都在提醒世人，当布谷鸟鸣叫时，正是春耕土地、播撒谷种的最好时期。也许正是因为布谷鸟的鸣叫仿佛是在催促农民赶紧播种，布谷鸟一直以来被认为是农民的好帮手。那么，布谷鸟究竟是一种什么类型的鸟？为什么会在春耕时鸣叫？它还有哪些特殊的生活习性呢？

10.1 布谷鸟繁殖行为

布谷鸟，学名大杜鹃，古时也称子规、杜宇、郭公等名，主要以农作物的害虫为食，所以也是一种有助于农作物生长的益鸟。在我国，虽然布谷鸟主要分布于西部和南部，但全国大部分地区的树林中都能见到它的踪迹。布谷鸟属于夏候鸟，它们通常在每年的春天从越冬地来到我国进行繁殖，于是在春夏的清晨，人们在辽阔的田野上常会听见布谷鸟"布谷、布谷……"的叫声。布谷鸟的声音洪亮、有力，但性情懦怯，很多时候人们只能是"只闻其声而不见其身"。事实上，布谷鸟的鸣叫只是一种吸引异性的求偶行为。许多传说和诗词似乎都过度褒扬了布谷鸟鸣叫行为的美好。而且，布谷鸟在繁殖期借巢下蛋、残害宿主鸟卵的行为更展现了它自私、残忍的一面。

布谷鸟是一种典型的育雏寄生鸟，它们自私自利，侵害和欺负体形比自己小的一些鸟类。有一些布谷鸟，雌鸟从不自己筑巢，也不喂养雏鸟。在繁殖季节，它们最忙碌的事情就是去寻找合适的其他鸟的巢，然后趁宿主鸟妈妈外出之机，把自己的蛋产在人家的巢里。图 2.4 所示为一只正在树上四处窥探、选择目标和时机的布谷鸟。

图 2.4　在树上四处窥探的布谷鸟

在借巢下蛋的过程中，雌布谷鸟会做一些精心思考和有意伪装。

1）选择合适的巢：布谷鸟通常会挑选宿主的蛋与自己的蛋在外形、大小、颜色上都比较接近的鸟巢作为寄生目标。

2）数量上有节制：为了混淆视听，蒙混过关，布谷鸟一般会在所选择的一个巢穴里只下一枚自己的蛋。

3）把握下蛋时机：为了能让自己的蛋得到及时、充分孵化，布谷鸟会在远处不断监视宿主鸟的一举一动。在宿主鸟产卵的同一天，趁其外出觅食之际，在宿主的巢里下一颗蛋。

4）保持数量不变：为了不让宿主鸟妈妈有所察觉，雌鸟下蛋后会把宿主鸟的一颗卵扔出巢外，然后将自己的蛋混在宿主鸟的卵堆中。

一只雌布谷鸟一年会下 10～20 枚蛋，这也意味着它需要寻找相当数量的宿主鸟巢。布谷鸟一旦伺机产卵结束，就会扬长而去，将蛋的孵化和雏鸟的抚养统统强行交给宿主鸟。通常，布谷鸟的卵会比宿主鸟的卵孵化时间短。当布谷鸟的雏鸟出来后，会选择宿主鸟妈妈不在的时候，本能地将其他没有孵化的蛋拱出巢外。如果巢内已有宿主鸟的雏鸟，那么布谷鸟的雏鸟就会利用自己嘹亮的叫声尽力争抢宿主鸟妈妈寻找回来的食物。当自己体形变大，比宿主鸟的雏鸟强壮后，它会在宿主鸟妈妈外出找食之际，露出狰狞面目，将鸟巢内的宿主雏鸟全都推出鸟巢，从此独享宿主鸟的喂养和关爱。布谷鸟借巢下蛋、寄生繁殖尽管表现出它自私、凶残的天性，但本质上仍是达尔文进化论中"物竞天择，适者生存"自然规律的体现。

10.2　布谷鸟搜索算法

2009 年，英国剑桥大学杨新社和戴布利用计算机模拟布谷鸟的繁殖行为，并结合莱维（Levy）飞行搜索机制，提出了一种求解函数优化问题的布谷鸟搜索算法（cuckoo search algorithm，CSA）[31]。算法的主要思想是：首先将布谷鸟的每枚鸟蛋映射为搜索空间中的一个解；其次，在每次迭代中不断利用莱维飞行机制的随机游走方式在候选解空间中搜索适应函数值较好的寄生鸟窝来产一枚鸟蛋；最后，通过多次迭代，获得最优解。基本的布谷鸟搜索算法遵循如下 3 个理想规则：①布谷鸟每次随机选择一个寄宿鸟巢，在鸟巢中下一枚鸟蛋；②拥有高质量鸟蛋（适应函数值高）的寄宿鸟巢将被延续到下一次迭代；③布谷鸟能够寄宿的鸟巢数量是固定的，而且布谷鸟的鸟蛋被宿主鸟发现的概率为 P_a。也就是说，每次迭代中，n 个能寄宿鸟巢将有 $n×P_a$ 个鸟巢因其中的鸟蛋被宿主鸟发现而不得不寻找新的寄宿鸟巢来替代。此外，其他必要的简化准则还包括：①每个寄宿的鸟巢中原来仅有一枚代表所求问题解的鸟蛋，布谷鸟的鸟蛋则是代表所求问题的一个新解，布谷鸟搜索的目的是使用潜在的、新的、更好的解（布谷鸟蛋），去取代原来不那么好的解（鸟巢中原有的鸟蛋）；②对于极大值函数问题来说，解的质量或适应度与目标函数的值成正比；③为了发现新解，布谷鸟利用莱维飞行搜索机制在候选解空间中进行随机游走以发现新寄宿鸟巢的位置。莱维飞行机制采用习惯性的短步长搜索和偶尔的长步长搜索相结合的方式，在搜索位置和方向上能够产生较大的跃动和变化，从而有利于实现全局的寻优搜索。

布谷鸟搜索算法的基本框架[32] 如算法 2.3 所示。

算法 2.3　布谷鸟搜索算法

1）设置种群规模 n 和鸟巢更新概率 P_a；

2）随机初始化 n 个宿主鸟巢，确定其中原有解（鸟蛋）的位置；

3）鸟巢种群迭代寻优的循环：

　　{①布谷鸟利用莱维飞行随机地获得一个解 i 的位置；

　　②利用适应函数评价该解的质量 F_i；

　　③随机地从 n 个宿主鸟巢中选择一个鸟巢 j，计算其中解的质量 F_j；

　　④如果 F_i 大于 F_j，则用新解 i（布谷鸟蛋）替换旧解 j（宿主鸟蛋）；

　　⑤按适应函数值排列宿主鸟巢，按比例 P_a 丢弃掉当代宿主鸟巢中最差的　　　n×P_a 个鸟巢，然后利用莱维飞行寻找新位置并建立相应数量的新鸟巢；

⑥ 保留 n 个具有高适应函数值的宿主鸟巢作为新一代宿主鸟巢；

⑦ 发现当前最好的鸟巢位置；

⑧ 如果满足算法终止条件，退出迭代循环，否则，迭代次数加 1，继续 3）；}

4）输出迄今为止具有最好适应值的最优鸟巢的位置（最优解）。

布谷鸟搜索算法是一种元启发式的进化算法。它具有实现简单、参数少等优点，因此，算法一经提出就立刻引起群智能领域学者们的广泛关注。近些年相继涌现出了一些高质量的研究成果，在故障诊断、图像分割（image segmentation）、支持向量机（support vector machine）、流水车间调度问题（flow shop scheduling problem）、变电站选址（substation siting）、卫星成像规划（Satellite imaging planning）等应用领域得到了很好的应用。

11

爱动脑的乌鸦（Crow）

　　乌鸦，是极聪明的一种鸟。大家可能都比较熟悉语文课本中《乌鸦喝水》的伊索寓言故事。该故事描述了一只口渴的乌鸦到处找水喝，终于看到地面上有一个装了半瓶水的瓷瓶。乌鸦兴奋地飞落到瓷瓶旁来喝水，却发现由于瓶口过小、瓶颈较长且水位比较低，它根本无法完全将嘴伸到瓶中喝到水。乌鸦急中生智，开始做各种尝试：为撞倒瓷瓶取水喝，它飞动身体撞击瓷瓶，但在竭尽全力后也没能够如愿；为将瓷瓶砸碎喝水，它叼石子飞到高空然后将石子砸向瓷瓶，尝试多次后发现即使石子能够砸中瓷瓶，但结实的瓷瓶仍安然无恙……乌鸦在懊恼之余意外地发现，由于砸落的一些石子进到瓶中致使瓷瓶中的水位比原来的水位有所升高。于是，乌鸦开始叼石子直接往瓷瓶中投放。没过一会儿，随着瓶中石子的增多，瓶里的水慢慢升高到了瓶口，乌鸦终于如愿喝到了水。该寓言用乌鸦喝水的故事告诉我们，当遇到困难时，要冷静思考、善于动脑，这样，无论是多困难的事情也有办法迎刃而解。

　　前几年，也有一个非常火的乌鸦吃核桃的视频。在该视频中，一只乌鸦在果园的地上捡了一个带绿皮的核桃，用嘴啄了半天也没能够打开核桃壳。情急之下，乌鸦叼起核桃，飞到公路上空，将核桃扔到车来车往的公路上，然后，自己落在公路旁的电线杆上盯着公路上来回行驶的汽车。不久，一辆行驶的汽车从核桃身上压过去，核桃壳被压开了。趁着公路上汽车行驶的间隙，乌鸦俯身快速飞下去，叼起压开的核桃开始享用美食。由此可见，乌鸦是一种善于动脑、勇于尝试，具有不达目的不言放弃特征的鸟，那么，除了喝水、吃核桃，乌鸦还有哪些行为能够显示它的聪明才智呢？

11.1　乌鸦的行为能力

　　乌鸦，因其全身或大部分羽毛为乌黑色而得名。乌鸦也是一种杂食性鸟类，常以昆虫、蜗牛、鼠类、植物果实、草籽为食。通常，成年乌鸦的体长可以达到近50厘米，是雀形目中体形最大的鸟类，图2.5所示为一只正在树枝上休息的乌鸦。乌鸦常年栖息于低山、平原和山地的各种森林中，常在农田、村庄等人类居住地附近活动，有时也出入于城镇公园和城区树上。乌鸦嘴大，喜欢鸣叫，很多人都听到过它的叫声。乌鸦喜群栖，集群性非常强，一群乌鸦的数量可以达到数百只，甚至上万只。比如，在北京就有 6 个比较大的乌鸦聚集地，分别是故宫、天坛、王府井、公主坟、奥林匹克森林公园和北京师范大学。这些地方在傍晚时分经常会出现成群结队的乌鸦。这些乌鸦白天都分散在郊区的各个垃圾场或者在田间、农舍觅食，一到黄昏，就会成群结队地聚集到这几个地方过夜、睡觉。有时，乌鸦群飞动起来，黑压压的，会遮住半边天，这情景已然成为这几个地方独特的自然景观。

图 2.5　一只正在树枝上休息的乌鸦

动物行为学家的研究表明，乌鸦是人类之外具有顶级智商的一种动物。因为相对于身体大小，乌鸦是除人类外具有最大大脑的动物。即按照脑与身体的比例，它们的脑仅略小于人类的脑，且也具有像人一样复杂的脑细胞结构。能够说明乌鸦具有高智商的证据有很多，乌鸦喝水、乌鸦吃核桃的故事不仅反映了其思维的灵活和巧妙，而且体现了其善于观察和会利用工具（石头、汽车）的独特能力。除此之外，一些研究还证实：①乌鸦能在镜子测试中表现出自我意识；②有些乌鸦还具备制作简单工具的能力；③乌鸦有较强的记忆能力，可以记住过去的事件和特殊的面孔，能够在几个月后回忆起自己原先藏食物的地方；④乌鸦能够以复杂的方式进行相互交流，当有不友好的面孔接近时能够进行互相警告。

其实，乌鸦最擅长的一种生存能力，是它们最会偷窥、跟踪其他鸟类（包括同类）的行踪。乌鸦喜欢关注其他鸟类藏食物的地方，一旦观察到食物的主人离开，它们就会伺机把食物偷走。乌鸦能够以己度人，它们在做贼时都具有很强的防贼意识。如果一只乌鸦偷了同伴的东西，那么它通常会采取一些额外的防范措施，比如及时变换藏身之处，以避免自己成为未来的受害者。乌鸦会用自己当过贼的经验来预测同伴可能会做的偷窃行为，并能够选择最安全的行动路线来保护自己的食物不被偷走。

11.2　乌鸦搜索算法

受乌鸦偷窥、跟踪、觅食行为的启发，伊朗学者 Askarzadeh 于 2016 年提出了乌鸦搜索算法（crow search algorithm, CSA）[33]。该算法以乌鸦找到的食物个体位置表示待求解问题的解，用适应函数来评价解（食物位置）的优劣，并通过乌鸦的移动来寻找新的食物位置。具体来说，CSA 的基本原则如下[33]：

1）乌鸦以群居的形式进行生活：在算法的每次迭代中，由一定规模的乌鸦（种群）同时寻找各自的食物。

2）乌鸦能够记住自己藏食物的地点：种群中的每只乌鸦都能够记住本次迭代中自己藏食物的地点，即迄今为止它自己找到的最好的食物位置。

3）乌鸦们互相跟随、偷窃：种群中的每只乌鸦在算法的每次迭代中都进行相互跟随、偷窃以寻找更好的食物位置。

4）乌鸦在被跟踪时会以一定概率对存粮采取保护措施：由于乌鸦具有反偷窃能力，所以它们以一定概率能够迷惑跟踪者，防止被偷窃。

CSA 中最重要的两个状态如下[33]。

状态 1：当乌鸦 j 不知道正被乌鸦 i 跟踪时，乌鸦 i 将发现乌鸦 j 的藏食物位置，并以其为目标位置，在其周围进行移动、搜索。

状态 2：当乌鸦 j 察觉到正被乌鸦 i 跟踪时，为了保护自己的储藏食物不被偷窃，乌鸦 j 将会愚弄乌鸦 i，通过在解空间中随意移动将乌鸦 i 引到一个随机的位置。

具体来说，乌鸦搜索算法求解单目标优化问题的基本框架[33]如算法 2.4 所示。

算法 2.4　乌鸦搜索算法

1）初始化问题和参数：
　　{ 问题的形式化，定义决策变量和约束条件；
　　　设置种群规模 n、最大迭代次数、飞行长度、意识概率等参数。}
2）初始化乌鸦种群的位置和记忆：
　　{ 在搜索空间中，随机初始化 n 只乌鸦的位置；
　　　利用适应（目标）函数来评价每只乌鸦个体的解质量；
　　　初始化每只乌鸦的记忆；}
3）乌鸦种群迭代寻优的循环：
　　{ for i=1 to n　// 种群中每只乌鸦寻找新的食物
　　　{每只乌鸦从种群中随机选择一个乌鸦个体作为自己的跟踪对象；
　　　　产生一个随机数，并根据意识概率，判断是否被发现：
　　　　　{若没有被发现，则以跟踪目标的藏食物位置为目标位置进行局部开采；
　　　　　　　　否则，在候选解空间中进行随机的全局勘探；}
　　　　检测搜索到的位置是否超出决策变量的值域，若超出，则进行边界修正；
　　　　利用适应（目标）函数来评价该乌鸦个体当前位置的解质量；
　　　　如果新位置的解好于该个体的历史记忆，则用新位置更新该个体的记忆；}
　　　如果达到最大迭代次数，则退出迭代循环，否则，迭代次数加 1，继续 3）；}
4）输出迄今为止具有最好适应度的食物位置（最优解）。

从算法可见，CSA 算法通过对自然界中乌鸦将多余的食物藏在隐蔽处，并在必要

时将食物取回这一行为的模拟，实现了乌鸦围绕跟踪目标进行可行解的局部开采，被跟踪目标发现后在整个候选空间中进行全局勘探的过程。由于该算法的原理通俗易懂，求解过程简单、快速，因此，CSA 算法一经提出，便引起人们的广泛关注。一方面，在算法改进和派生上涌现出许多研究工作；另一方面，算法很快被应用于许多实际问题的求解，例如，电力工程中最优电力流（optimal power flow）和经济负荷调度（economic load dispatch），计算机科学中的特征选择、图像处理和云计算（cloud computing），土木工程（civil engineering），化学工程（chemical engineering），控制工程（control engineering）等领域的问题求解。

12

家喻户晓的鸡（Chicken）

在我国，鸡文化源远流长。在西汉韩婴的《韩诗外传》中，鸡被称为具有文、武、勇、仁、信的五德之禽。在民间，人们也一直把鸡作为一种吉祥物，在许多神话中永生的凤凰实际上就是现实生活中鸡的化身。古人将农历正月初一迎春之日定义为鸡日，这也充分说明了人们对鸡的重视。关于鸡，不仅成语多，如"鸡毛蒜皮""鹤立鸡群""鸡犬升天""鸡鸣狗盗""闻鸡起舞"等，而且诗词也非常丰富。据统计，吟咏鸡的诗有数千首，如白居易《小宅》中的"小宅里闾接，疏篱鸡犬通"，李廓《杂歌谣辞·鸡鸣曲》中的"长恨鸡鸣别时苦，不遣鸡栖近窗户"，李隆基《傀儡吟》中的"刻木牵丝作老翁，鸡皮鹤发与真同"等著名诗句。在现代诗歌中，最有气势的当属毛主席在《浣溪沙·和柳亚子先生》一文中所写的"一唱雄鸡天下白"，用"雄鸡"指代中国，"天下白"指代获得光明。

鸡，作为一种家禽，从古至今一直以来都与人类的生活密切相关。童年的时候，我生活在一个兄弟姐妹比较多的大家庭里。有一段时间，因为家中大部分孩子在上学，家中的一切开支主要依靠父亲一人的工资来维持。于是，母亲在照顾我们、料理家务的同时，在院子里搭建鸡舍养了很多鸡。家里的鸡下蛋后一般都会攒起来，然后按优惠价卖给有需要的邻居，换钱来贴补家用。记得有一次，母亲买回来几十只刚出生不久的小鸡，它们浑身长着黄色小茸毛，小嘴巴叽叽喳喳叫个不停，黄色的小鸡爪小巧玲珑。刚买来的小鸡爱吃小米，它们除了吃食，大部分时间都会挤在一起睡觉。小鸡稍大点后，就可以喂它们一些饲料和洗净、剁碎的新鲜菜叶。小鸡个头长得也非常快，有时会因为抢食而发生争执并互啄打斗。慢慢地，我发现鸡群中有一只小鸡总被别的小鸡欺负，几乎其他所有的小鸡敢啄它。我抓住它，仔细观察后发现，它的外貌确实与别的小鸡有差别，鸡头、鸡嘴和小鸡冠的形状都明显与别的小鸡不同。在接下来的一段时间里，无论是在吃食还是在休息，这只小鸡总是受到其他小鸡的欺凌，而它一直都在退让。正当我为它的生长担忧时，突然有一天，这只小鸡开始了反击，有小鸡啄它，它就努力地啄回去，直到欺负它的小鸡仓皇而逃。虽然有时候看到它斗得满脸是血，但它坚持着，没有再忍让、退缩。没过几天，小鸡群中再也没有哪只小鸡敢欺凌它了。后来它长大了，居然是一只鸡冠疙疙瘩瘩的大公鸡，在与别的鸡群抢食、占地盘时，打架异常凶狠，成了这群鸡的头领。

12.1　鸡的等级觅食方式

鸡是从野生的原鸡驯化而来的一种家禽，而我国是世界上驯化鸡最早的国家，至今已有 8000 多年的历史。鸡有雄雌之分，雄性鸡也称为公鸡，雌性鸡又称为母鸡。母鸡长大成熟后可以下蛋，在产卵期一般一个月可以下 20 多颗蛋。但只有通过公鸡、母鸡交配受精后，母鸡才能产下受精的鸡蛋。受精的鸡蛋在一定温湿度条件下通过人工或母鸡孵化 21 天后才能孵出小鸡。从生长习性上看，鸡也是一种群居的鸟类，它们喜欢成群结队地生活在一起。鸡的认知能力很强，有研究发现，即使分开几个月，鸡也能认出原来常在一起的 100 多个同伴。鸡能够通过不同喔喔、咯咯的持续组合组成 30 多种声音来实现彼此间的相互交流，从而发出筑巢、寻找食物、交配和警示危险等信息。鸡也有一定的学习能力，它们不仅能够从尝试和错误中学习，而且能够从自身经验或同伴的决策中进行学习。

在鸡的社会生活中，存在着非常严格的等级制度。在一个种群中，地位高的鸡将逐级领导地位低的鸡一起行动。头公鸡是种群中地位最高的鸡，与它关系密切的母鸡也具有较高的地位，而那些与它们关系较远的母鸡和公鸡则处于该种群的边缘地位，受到高地位鸡的支配和领导。通常，如果一个鸡群突然有新成员加入或者减少了成员，都将会导致鸡群已有社会等级关系的短暂中断。不过，随着新的等级关系的建立，该鸡群的社会秩序也会重新稳定。尽管公鸡在发现食物时，有时会呼唤自己的同伴过来先吃，但处于高地位的鸡拥有获得食物的优先特权。与人类似，母鸡在养育小鸡时也会表现出比较亲切、关爱的行为。图 2.6 所示为一只母鸡领着一群小鸡过马路。不过，如果来自不同鸡群的几只鸡偶然遇到一起，则会是另一番情景。一般来说，当有来自其他鸡群的鸡侵入本鸡群领地时，头公鸡会先发出响亮的叫声以示警告，进行喝退。如果警告无效，将有可能引发一场不同鸡群间的争斗。

图 2.6　一只母鸡领着一群小鸡过马路

通常，鸡的行为因性别而异。头公鸡会积极地寻找食物，并与入侵自己鸡群领地的鸡进行战斗。与头公鸡关系密切、高地位的鸡一般会陪着头公鸡在鸡群领地内随意觅食，而那些地位低的鸡会不情愿地站在鸡群领地的边缘处寻找食物。在鸡群觅食中，同等级的不同鸡之间也会因争食而发生竞争。至于小鸡，它们一般会围在鸡妈妈周围寻找食物。总之，多个简单的鸡一旦形成一个鸡群，就能够在特殊的等级关系下以团队协作的方式来寻找食物。

12.2 鸡群优化算法

受鸡群等级觅食行为的启发，上海海事大学的孟献兵于 2014 年提出了鸡群优化（chicken swarm optimization，CSO）算法[34]。该算法通过模拟鸡群利用等级制度进行觅食的行为来完成优化问题的求解。类似于其他算法，该算法以鸡找到的食物个体位置表示待求解问题的解，用适应函数来评价解（食物位置）的优劣，并通过鸡的移动来寻找新的食物位置。为了让求解过程简单，算法对鸡群的等级构成和鸡群觅食行为进行了如下理想化的设定[34]：

1）一个鸡群包含多个小组，小组按公鸡的个数进行划分，即有几只公鸡就分成几个小组。每个小组的成员包含一只公鸡、一些母鸡和小鸡。

2）鸡群根据鸡所在位置的适应函数值来决定鸡群的相应分组和组内鸡的各自身份。鸡群中具有最好适应函数值的鸡被选作公鸡，它们分别领导一个小组。而鸡群中具有最差适应函数值的鸡被选作小鸡。鸡群中剩余的鸡被当作母鸡。母鸡通常可以随机地选择一个小组加入并与相应的组成员一起生活。小组中母鸡和小鸡的母子关系也是通过随机方式建立的。

3）一个小组中的等级秩序、公鸡的统治关系和母鸡与小鸡的母子关系将维持一定的迭代次数（G）后才发生变化和更新。

4）一个小组中的鸡跟随所在小组的头公鸡来寻找食物，当然也会阻止别的鸡（同伴）抢夺自己发现的食物。算法有如下假设：鸡能够以一定概率随机偷走同伴已经找到的好食物，小鸡只能围在母鸡周围寻找食物，而占统治地位的鸡在食物争夺中具有优先吃食的权利。

根据上面设定的规则，鸡群优化算法的主要思想是不同等级的鸡按照自己的角色通过各自的位置更新策略来进行不同范围的搜索。

1）公鸡的位置更新：适应度好的公鸡比适应度差的公鸡能够优先获得食物，算法通过让适应度好的公鸡能够在一个更大搜索范围内寻找食物来实现在候选解空间中的全局勘探。

2）母鸡的位置更新：母鸡通常跟随小组内的头公鸡来搜索食物，故其位置更新首先以头公鸡的位置为参照。由于母鸡觅食也会随机发生偷食行为，所以其位置更新还与鸡群中其他公鸡和母鸡的位置相关。算法利用强势的母鸡在争夺食物时比温顺的母鸡更具有优势的等级关系来设计相关位置的权系数，母鸡搜索实现的是一个带有一定随机性的局部开采。

3）小鸡围绕在其母亲周围搜寻食物，以母亲位置为核心进行局部开采。

具体地，鸡群优化算法求解单目标优化问题的基本框架[34]如算法 2.5 所示。

算法 2.5　鸡群优化算法

1）初始化参数：

　设置种群（鸡群）规模 N，最大迭代次数，等级关系更新频率，公鸡、母鸡、
　小鸡的比例；

2）初始化鸡群：

　　｛在搜索空间中，随机初始化 N 只鸡的位置；

　　利用适应函数来评价每只鸡个体的解质量，并按值从好到坏进行排序；

　　适应函数值排名前 RN 的个体为公鸡,排名后 GN 的个体为小鸡,其余为母鸡；

　　按公鸡数将鸡群分为 RN 个组，母鸡随机分配入组，建立公鸡 - 母鸡的同组
　　关系；

　　随机选取 MN 个母鸡来统领小鸡，确定组内母鸡与小鸡的母子关系；｝

3）鸡群迭代寻优的循环：

　　｛if 更新条件满足（更新频率），then 鸡群进行重新分组，更新鸡群中各类关系；

　　for i=1 to N　// 鸡群中每只鸡寻找新的食物

　　　｛if i 是公鸡，then 按公鸡的位置更新策略进行位置更新；

　　　if i 是母鸡，then 按母鸡的位置更新策略进行位置更新；

　　　if i 是小鸡，then 按小鸡的位置更新策略进行位置更新；

　　　计算更新位置的适应度值；

　　　如果新位置的适应度值好于原来位置，则用新位置更新该个体的位置；｝

　　如果达到最大迭代次数，则退出迭代循环，否则，迭代次数加 1，继续 3）；｝

4）输出迄今为止具有最好适应度的食物位置（最优解）。

　　从上可见，CSO 算法通过对鸡群等级关系和鸡群觅食行为的模拟，实现了母鸡、小鸡跟随公鸡在中、小范围内进行可行解的局部开采以及公鸡在候选解空间更大范围内的全局勘探。由于 CSO 算法的原理易于理解，求解策略简单，各角色搜索的目的明确，协调合作性好，因此，该算法一经提出，便引起人们的广泛关注。针对基本算法收敛速度慢、求解精度低等问题，一些研究者对算法的策略和机制进行了一些新探索，提出了一些改进的新算法。与此同时，CSO 算法也被很快应用于许多实际问题的求解，例如，图像处理、电网优化（power network optimization）、传感器与通信（sensor and communication）、经济负荷分配（economic load distribution）、社会网络中的社区检测（community detection in social networks）、河流水质评价（river water quality evaluation）等问题。

13

有勇有谋的老鹰（Hawk）

在中国传统文化中，鹰是神的一种化身，在许多古代传说中，鹰有着一种神秘的色彩，常被奉为神鸟或天鸟，象征着自由、力量、勇猛和胜利。在一些古典文学和诗歌中，也常用鹰来描绘非凡心志、博大胸襟和磅礴气概。自强不息、崇尚竞争的凶猛精神，也是鹰文化赋予的重要内涵。通常，一对老鹰一窝可以孵化出几只小鹰，但小鹰的存活率却很低，这与老鹰的喂食方式有关。老鹰每次捕获回来的食物一般只能喂食一只小鹰，而老鹰给食的方式是：窝里哪只小鹰抢食最凶就把食物喂给它。长此以往，体强爱争的小鹰因饱食食物会越长越强壮，而体弱无争的小鹰则会因抢不到食物而越长越瘦小，直到最终因营养不良而饿死。老鹰通过世世代代沿袭这种喂养习惯，使存活下来的后代变得越来越强壮。这种无情的优胜劣汰、适者生存的喂食法则也被不少企业所倡导，成为很多现代企业文化的核心精神。图 2.7 所示为一对正在山顶争食的老鹰。

图 2.7　一对正在山顶争食的老鹰

在我童年时期，曾有两个与鹰相关、印象深刻的记忆。一个记忆是电影《闪闪的红星》的主题歌《红星照我去战斗》中的几句歌词，"雄鹰展翅飞，哪怕风雨骤，革命重担挑肩上，党的教导记心头……"，该歌用雄鹰展翅飞、搏风雨来讴歌革命后代敢挑重担、勇往直前的成长经历。另一个记忆是我们小孩常玩的"老鹰捉小鸡"的游戏，该游戏中一人当"老鹰"，一人当"母鸡"，其余小朋友都当"小鸡"。游戏开始前，"老鹰"站在"母鸡"对面，"小鸡"牵着"母鸡"或前一只"小鸡"背后的衣角依次排成一队。游戏开始后，"老鹰"想办法使用各种攻击招数绕过"母鸡"去捕捉"小鸡"；而"母鸡"张开双臂极力阻挡老鹰的攻击，保护身后的"小鸡"；"小鸡"则边尖叫边灵敏地跟着"母鸡"的步调躲避"老鹰"的攻击。当时，我就有过疑问，自然界中的老鹰是如何成功捕捉猎物的呢？

13.1 哈里斯鹰的捕猎行为

鹰是一种凶猛的鸟类，它不仅有锋利无比且呈弯钩形的嘴和爪子，而且身体强壮，腿部肌肉发达，翅膀的羽毛粗硬，擅长跳跃和快速飞行。鹰广泛分布在世界的各大洲，我国境内的鹰主要栖息于西藏、新疆、内蒙古、青海、陕西等比较开阔的平原、草地和低山丘陵地带。鹰的巢大多建造于高耸的大树或悬崖峭壁上，它们白天常在城郊、村庄、田野上空飞翔，伺机捕捉猎物，一到天黑就会回窝休息。鹰的性情机警，视力敏锐，主要以捕食鸟、兔、鼠、蛇等为食，是一种平均寿命可达 50 岁的长寿鸟。

哈里斯鹰主要分布在美国亚利桑那州的南半部，喜欢生活在稳定的群体中，是自然界中智商最高的鸟类之一。哈里斯鹰是一种以捕食其他动物为生的猛禽，也是世间少有的几种拥有合作觅食习惯（多个同伴参与捕猎，共同分享猎物）的哺乳动物。也就是说，尽管大多数猛禽通常都喜欢独自攻击猎物，但哈里斯鹰更习惯于与其同一群体中的其他家族成员一起进行合作觅食，这也是它闻名于世的独特生活习性。哈里斯鹰在追踪、包围、冲出、最终攻击潜在猎物的过程中，展示了先进而独特的团队追逐能力。观察发现，哈里斯鹰在非繁殖季节常常会组织由几只鹰一起参与捕食的晚宴，因此，它们被认为是"猛禽"领域中真正合作的掠食者[35]。一般都是在黎明时分，几只哈里斯鹰开始离开各自休息的鹰巢，一个接一个地通过短途旅行降落在家族聚会区域附近的大树或电线杆上集结。在队伍集结完成之后，哈里斯鹰会一起飞往目的地进行捕猎。一些鹰偶尔会在目标地周边的区域进行"蛙跳"动作，以此方式进行队伍的几次重新分裂和组合，旨在更有效地寻找要涉猎的动物（如野兔）。由于捕猎队伍的成员通常都来自同一家族，相互之间比较熟悉，所以能够在合作的捕猎过程中及时注意到同伴的一举一动。

当发现猎物后，哈里斯鹰会进行"突然袭击"的"七杀"捕猎策略[35]。假设几只鹰同时注意到一只处于掩体外正欲逃跑的兔子，它们利用这个捕猎策略试图从几个不同方向一起发起协作攻击。在大多数情况下，哈里斯鹰可能仅用几秒钟就能通过团队的攻击捕捉到受惊的猎物，从而迅速完成捕猎任务。但是有些时候，考虑到猎物的逃跑能力和四处逃窜行为，鹰的这种"七杀"策略可能要持续几分钟，包括多次在猎物附近区域进行短距离的快速俯冲。在捕猎过程中，哈里斯鹰通常会根据环境的动态变化和猎物的逃脱模式灵活地选择合适的追捕方式。比如，当带头的鹰俯身攻击猎物但没能成功且迷失方向时，鹰群会启动切换策略让团队中的其他成员继续追逐猎物。突然袭击的频繁切换总是能迷惑逃跑的兔子，令其对鹰群的袭击防不胜防。在鹰群的几番攻击后，兔子会被追得筋疲力尽，直到彻底崩溃被俘。尽管在围捕过程中，每次对猎物的纠缠始终来自一只老鹰，但来自鹰群多方向的连续袭击总是让逃跑的兔子晕头转向，根本无法恢复有效的防御能力，最终只能在鹰群的团队围攻下俯首就擒。哈里斯鹰利用这种强有力的团队捕猎模式能够毫不费力地抓住疲惫的猎物，并与家族的其他成员分享[35]。

13.2　哈里斯鹰优化算法

受哈里斯鹰捕猎行为的启发，伊朗学者 Heidari 等于 2019 年提出了哈里斯鹰优化（Harris hawks optimization，HHO）算法[35]。该算法通过模拟哈里斯鹰群根据动态变化的场景和猎物的逃脱模式而采取的探索猎物、突然袭击、多种不同的攻击策略来进行优化问题的求解。类似于其他算法，该算法是一种基于种群的、无梯度优化的技术，它以哈里斯鹰个体找到的位置表示待求解问题的解，用适应函数来评价解（位置）的优劣，并通过哈里斯鹰的不同追逐方式来寻找新的解位置。在每次迭代中，算法都将目标猎物（例如兔子）视为最优的候选解或近似最优解。HHO 算法主要包括 3 个阶段：勘探阶段、从勘探到开采的过渡阶段、开采阶段[35]。

1）勘探阶段：尽管哈里斯鹰通常可以用它们强大的视力追踪和探测猎物，但是，有些行踪诡秘的猎物有时也不容易被发现。因此，它们也可能需要在荒芜之处等待、观察或监视数小时后才能发现猎物。为了模拟该过程，假设哈里斯鹰开始随机地栖息在一些地方，然后，按照随机采样概率 q 来执行如下两个策略。当 q<0.5 时，哈里斯鹰个体根据家族其他成员和猎物的位置来改变自己的当前位置。该过程结合迄今为止的最佳位置、家族成员的平均位置以及解空间值域范围内的一个随机比例分量来完成自身位置的移动。当 q ≥ 0.5 时，哈里斯鹰个体根据随机的一个候选位置来改变自己的当前位置。HHO 算法用这两个策略来模拟在候选解空间中实施的大范围的全局勘探。

2）从勘探到开采的过渡阶段：HHO 算法根据猎物的逃跑能量 E 实现勘探搜索和开采搜索的转换。假设猎物逃跑能量的绝对值 |E| 会随迭代次数而逐渐降低，当 |E| ≥ 1 时，算法执行勘探过程，哈里斯鹰群在较大范围内搜索不同的地区以发现猎物的位置；当 |E|<1 时，算法执行开采过程，哈里斯鹰群对当前解位置的邻域进行局部开采。

3）开采阶段：在该阶段，哈里斯鹰群通过对前一阶段发现的目标猎物实施突然袭击以求捕捉到猎物。反过来，感知到危险降临的猎物也会企图逃离险境。所以，在真实自然环境下就会发生多种不同的追逐过程。根据猎物的逃脱行为和哈里斯鹰的追逐方式，HHO 算法在开采阶段设计了 4 个可能的策略来模拟鹰对猎物的攻击过程。一方面，假设用 r 表示在突然袭击前猎物逃脱的机会，r ≥ 0.5 表示能够成功逃脱，而 r<0.5 则表示不能成功逃脱。另一方面，无论猎物能否逃脱，哈里斯鹰都会采用相应的硬围困或软围困来捕捉猎物。这也意味着它们会根据猎物所保留的能量从不同的方向对猎物进行软或硬的围困。在实际情况下，鹰会越来越接近目标猎物以增加它们通过团队协作的突然袭击一起杀死兔子的机会。在被围追堵截几分钟后，一般逃跑的猎物都会失去越来越多的能量，这时，鹰会进一步加强围困从而毫不费力地捕捉到精疲力竭的

猎物。根据参数 E 和 r，HHO 算法设计了如下的 4 种围困模式[35]。

① 软围困：当 $|E| \geqslant 0.5$ 且 r<0.5 时，猎物仍有足够能量并尝试通过一些随机的误导性跳跃来企图逃脱围困，但最终未遂。面对这些逃脱企图，哈里斯鹰采用软围困模式使兔子变得更疲惫，最终通过突然袭击来捕捉猎物。

② 硬围困：当 $|E|$<0.5 且 r<0.5 时，猎物已经筋疲力尽，逃脱机会很低。此时，哈里斯鹰采用有力的硬围困模式来包围目标猎物并最终执行突然袭击。

③ 具有快速俯冲的软围困：当 $|E| \geqslant 0.5$ 且 $r \geqslant 0.5$ 时，猎物（如兔子）有足够的能量成功逃脱，哈里斯鹰渐进地采取快速俯冲的软围困模式。为了模拟猎物的逃跑模式和鹰的跳跃运动，HHO 算法通过引入 levy 飞行机制来模仿猎物真实的"之"字形欺骗奔跑动作和鹰在逃跑的猎物周围所进行的不规则、突然和快速俯冲。实际捕猎过程中，鹰会在猎物周围进行几次快速俯冲，并根据猎物实际采取的欺骗性动作逐步纠正自己的位置和方向。在该模式中，哈里斯鹰会将当前移动的可能结果与之前进行的俯冲探测进行比较，以判断当前移动是否是一次好的俯冲探测。在每一次评判后，它会选择一个最好的位置作为下一步要移动的目标位置。

④ 具有快速俯冲的硬围困：当 $|E|$<0.5 且 $r \geqslant 0.5$ 时，猎物没有足够的能量但能成功逃脱，在鹰对猎物实施突袭之前，鹰先建立起一个硬围困。该模式在猎物方面的情况类似于上一模式；与上一模式的不同之处是哈里斯鹰的移动只是在极力减小它们与逃跑猎物之间的平均距离。

基于上面描述的 3 个阶段和 4 种模式，哈里斯鹰优化算法求解单目标优化问题的基本框架[35-36] 如算法 2.6 所示。

算法 2.6　哈里斯鹰优化算法

1）初始化参数：设置哈里斯鹰群规模 N、最大迭代次数 T；

2）初始化哈里斯鹰群：

　　{ 在搜索空间中，随机初始化 N 只鹰的位置；

　　　利用适应函数来评价每只鹰个体的解质量；

　　　将猎物位置设定为鹰群中最好解的位置；}

3）鹰群迭代寻优的循环：

　　{ for i=1 to N //鹰群中的每个个体逐个寻优

　　　{更新猎物初始能量 E_0 和跳跃强度 J；

　　　　计算猎物当前的能量 E；

　　　　如果 $|E| \geqslant 1$ 则执行勘探阶段的位置更新；

　　　　如果 $|E|$<1 则执行如下开采阶段的位置更新；

　　　　{ 如果 $|E| \geqslant 0.5$ 且 r<0.5，则执行软围困的位置更新；

　　　　　如果 $|E|$<0.5 且 r<0.5，则执行硬围困的位置更新；

　　　　　如果 $|E| \geqslant 0.5$ 且 $r \geqslant 0.5$，则执行具有快速俯冲软围困的位置更新；

　　　　　如果 $|E|$<0.5 且 $r \geqslant 0.5$，则执行具有快速俯冲硬围困的位置更新；}

　　　　利用适应函数来评价鹰个体的解质量；}

通过比较，获得本次迭代中鹰群中的最好解；

保留迄今为止的最好解，并更新猎物的位置；

如果达到最大迭代次数 T，则退出迭代循环，否则，迭代次数加 1，继续 3)；}

4）输出迄今为止具有最好适应度的位置（最优解）。

从哈里斯鹰优化算法过程不难发现，HHO 算法具有如下一些优点[36]：

1）该算法利用逃逸能量实现了优化过程的动态随机时变，这种机制有利于协调解的多样性与强化性，对搜索效率有非常积极的影响。

2）该算法具有多阶段（可扩展）勘探阶段来实现全局搜索，这个特性可以使它在整个初始迭代过程中更加富有成效和探索性。

3）该算法在开采阶段具有各种跳跃配置的多种 levy 触发模式，有效地增强了局部开采的深度及其覆盖范围。

4）该算法在随机搜索的扩展过程中设计了渐进选择机制，该机制有助于搜索个体（鹰）扩展它们对空间的遍历并在每一步只选择更好的候选来移动。

5）该算法在开采阶段，设计了多种围攻策略，不仅容易让多种短的、零星的移动模式贯穿于局部开采过程，而且如果一种围攻策略失败了，会触发另一种策略，总会有好的策略在迭代中被使用。

6）该算法对随机跳跃强度进行了巧妙设计，有助于实现全局勘探和局部开采的平衡，从而能够避免局部最优。

正是由于 HHO 算法具有上述这些优势，所以该算法提出后不久就很快被应用于工程优化中的制造业（manufacturing industry）、环境质量（environmental quality）、太阳能光伏（solar photovoltaic）、电力系统（power systems），计算机科学中的数据挖掘与处理（data mining and processing）、图像分割、网络（networking）、软件工程（software engineering），以及医学和生命健康（medicine and life health）领域，不仅丰富了这些问题的方法体系，而且也促进了相应研究的实际应用。

14

展翅高飞的海鸥（Seagull）

海鸥，是一种喜欢与人亲近的水鸟。在中国传统寓意中，象征着自由、纯洁、勇敢和坚强。在我国唐代，诗人常借用海鸥表达自己悠闲自乐、与世无争的心情。比如，李白《江上吟》中"仙人有待乘黄鹤，海客无心随白鸥"，将自己比作"海客"，借用与白鸥的亲密无间表达自己淡泊名利之心；杜甫《客至》中"舍南舍北皆春水，但见群鸥日日来"，用海鸥成群，天天相伴，描绘了自己悠闲隐逸的生活；杜甫的另一首《江村》中"自去自来梁上燕，相亲相近水中鸥"，又一次用白鸥与人的相伴相随表达了自己悠然自得的生活情境。近年来，也有很多关于海鸥的童话、故事或文学作品。例如，《海上气象员》《小海鸥学飞翔》《海鸥姑娘》《海鸥与树》等都是我国少年儿童喜欢的睡前小故事。

14.1　海鸥的迁徙与捕食

海鸥，是一种遍布全球的海鸟。在我国，主要分布于东北、华南以至西南等地区。海鸥常筑巢于湖泊、沼泽、河岸、海岛、芦苇堆及岛礁的山坡上。图 2.8 所示为从岛礁的山坡上欲展翅高飞的海鸥。尽管海鸥种类繁多，个头、长度、颜色也各不相同，但大多数海鸥的身体覆盖着白色的羽毛。海鸥喜欢成群活动，有时会组队飞翔在高高的天空中，有时也会结伴低飞掠过波澜的海面，有时又会扎堆漂浮在水面进行游泳和觅食。海鸥是一种杂食性动物，它们喜欢聚集于食物丰盛的地方，主要以昆虫、鱼虾、爬行小动物、两栖小动物、蚯蚓为食。当然，它们也常会拾取岸边及游船甲板上游客丢弃的剩饭、面包屑充饥，偶尔也会掠食其他鸟（包括其同类）的卵。

海鸥也是一种非常聪明的鸟类，它们在捕食时，不仅会用面包屑来引诱水下的鱼浮在水面，也能用爪子敲击地面发出类似下雨的声音来诱惑隐藏在地下的蚯蚓爬出地面。海鸥还有一个惊奇的生活能力，它们既能喝淡水也能喝咸水，这是地球上大多数动物都无法做到的。究其原因，海鸥拥有一种独特的身体结构，它的嘴巴与眼睛之间有一对特殊的腺体，利用该腺体可以通过喙上的开口将喝入体内的盐分排出体外。此外，海鸥具有独特的迁徙和攻击行为。为了寻找丰富的、能提供足够能量的食物，海鸥会成群结队地进行季节性迁徙。在从一个地方到另一个地方的迁徙过程中，海鸥能够利用种群的智慧来发现和攻击它们的猎物——海上的候鸟或海里的鱼，海鸥群能够在攻击过程中做出自然的螺旋形运动。该运动模式如图 2.9 所示，借着风势，海鸥能够通过盘旋形成齐整的飞行队列，对发现的猎物实施攻击，攻击后漂移到一个新位置，通过盘旋再次形成队列。

图 2.8　欲展翅高飞的海鸥

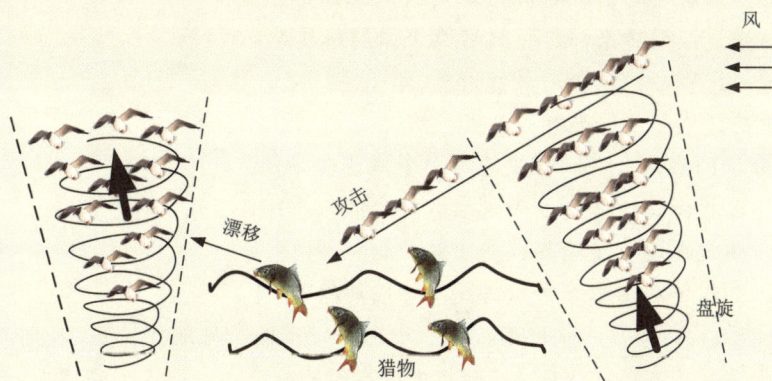

图 2.9　海鸥的攻击和漂移示意图

14.2　海鸥优化算法

受海鸥迁徙和攻击行为的启发，印度学者 Dhiman 和 Kumar 于 2019 年提出了海鸥优化算法（seagull optimization algorithm，SOA）[37]。该算法通过模拟海鸥迁徙和攻击行为来求解优化问题。类似于其他算法，该算法以海鸥个体找到的位置表示待求解问题的解，用适应函数来评价解（位置）的优劣，并通过海鸥的不同行为方式来寻找新的解位置。在每次迭代中，算法都将目标猎物（例如鱼）视为最好的候选解或近似最优解。SOA 算法建立了迁徙和攻击两种模型来进行解的勘探和开采。

在迁徙过程中，算法模拟了海鸥群如何从一个位置移动到另一个位置，这个过程在候选解空间内实现较大范围的勘探。通常，一个成功的海鸥迁徙需要满足以下 3 个条件[37]。

1）避免碰撞：海鸥成群结队进行迁徙，为了避免彼此之间的碰撞，不同海鸥的位置各不相同。算法利用位置计算公式来实现每个海鸥个体的位置更新。

2）向当前最好的邻居方向移动：在一个群体中，海鸥可以朝着最适合生存的海鸥方向前进，即算法以邻居中最好个体为目标建立种群内海鸥个体的移动方向。

3）靠近最好的海鸥：海鸥个体在获取最佳位置的方向后，会向最佳位置移动，通过到达新位置来进行自己的移动。

在海鸥攻击猎物过程中，算法模拟了海鸥在空中进行的螺旋运动，即不断改变攻击的角度和速度，同时用翅膀和体重保持飞行高度的过程。该过程旨在利用搜索过程的历史和经验来完成解的进一步开采。

基于上面描述的两个过程，海鸥优化算法求解单目标优化问题的基本框架[37] 如算法 2.7 所示。

算法 2.7　海鸥优化算法

1）初始化参数：设置海鸥群规模 N、最大迭代次数 T 及相关各种参数；
2）初始化海鸥种群：
　　{ 在候选解空间中，随机初始化 N 只海鸥的位置；
　　　利用适应函数来评价每只海鸥个体的解质量；
　　　通过比较，记录全局最优位置；}
3）海鸥群迭代寻优的循环：
　　{ for i=1 to N　//海鸥群中的每个个体逐个寻优
　　　　{通过海鸥迁移的 3 个过程改变个体位置；
　　　　　通过海鸥攻击猎物改变个体位置；
　　　　　利用适应函数来评价海鸥个体的解质量；}
　　　通过比较、更新，获得本次迭代中海鸥群中的全局最优位置；
　　　如果达到最大迭代次数 T，则退出迭代循环，否则，迭代次数加 1，继续 3）；}
4）输出迄今为止具有最好适应度的位置（最优解）。

以上可见，SOA 算法从随机生成的一组初始解开始。在每次迭代过程中，海鸥个体以当前最优个体为目标通过个体迁徙和攻击猎物来更新自己的位置，最终找到最优解。海鸥优化算法一经提出，就受到人们的广泛关注。近年来，不仅在算法改进上获得了很大进步，而且已扩展到很多应用领域，如特征选择、入侵检测、动态优化（dynamic optimization）、故障诊断、工程设计（engineering design）等。

三、鱼 虾 篇

15

自由遨游的鱼（Fish）

在我国传统文化中，鱼一直有着吉祥的寓意，很多首饰、珠宝造型和陶瓷上常使用鱼的图案，用以表示吉庆、繁荣、富裕和美好的愿望。鱼在诗词中的寓意也非常丰富，唐代李白、杜甫、白居易、孟浩然，宋代范仲淹、辛弃疾等著名诗人在他们的作品中都有借鱼抒情的文字描述，用以表达快乐、思念、自由和理想等含义；而借水边垂钓直抒胸襟、书写蝉意、表达乐趣的诗歌更是屡见不鲜，文人墨客独具匠心的妙笔，给世人留下了很多经典和文学财富。以唐朝为例，胡令能的《小儿垂钓》、李郢的《南池》、柳宗元的《江雪》、郑谷的《淮上渔者》、张志和的《渔歌子》等都用精妙的诗句表达了作者各自不同的心境。现如今，伴着社会发展的日新月异，人们在生活质量不断提升的同时，工作、生活节奏加快，也带来了一定的工作和生活压力。钓鱼作为一种户外娱乐活动，能够让人走进自然，暂时远离喧嚣、放下烦恼、享受悠闲，能够有效缓解焦虑，陶冶性情，深受很多人的喜爱。那么，鱼儿在水里通常都有哪些典型的行为习性和特征呢？

15.1 鱼的集群行为

鱼是生活在水中的一种用鳃呼吸，用躯干、鱼鳍和尾部的协调摆动来游动的脊椎动物，它不仅是地球上最古老的脊椎动物，也是世界上种类最多的脊椎动物。按所生活的水生环境，鱼可分为淡水鱼和咸水鱼。淡水鱼一般生活在内陆的湖泊、河流中，而咸水鱼则生长在人海和大洋里。我国淡水水域辽阔，地理和自然环境比较适合于淡水鱼的生长，是世界上淡水鱼养殖业最为发达的国家。图 3.1 所示为湿地公园淡水湖中正在聚集觅食的一群锦鲤鱼。鱼与人类一起走过了五千多年的历程，它不仅是人类生活中的一种重要食品与观赏宠物，也是人类进行行为学、生理学、生态学及医学研究的主要实验动物之一。

鱼有嗅觉、视觉、听觉等感觉器官，一般鱼靠嗅觉和视觉来发现靠近的食物，对于水域中远处的食物，通常利用听觉通过辨析声音来进行寻找。不过，大多数鱼喜欢聚集成群，并进行一些具有一定协同性的集群行为，比如下面 3 种行为：①在浅水层游动的一群鱼，当捕鱼的鸟攻击或接近它们时，感受到危险的鱼会率先下沉潜水，并用

图 3.1　湿地公园中聚集觅食的一群锦鲤鱼

身体的摆动来激起水面的波纹，与其相邻的鱼也会及时响应，一起扰动水面形成波浪，以干扰捕食者的视线，利用集群行为逃避捕食。②许多鱼会以生活在同一片水域中的浮游生物为天然食物。通常，水中浮游生物都喜欢弱光性的环境。白天因为光照强，所以它们都生活在水域的底层；夜间因光照弱，它们则漂浮在水域的上层进行活动。受浮游生物这种生活环境变迁的影响，鱼群每天都会进行上下垂直移动的集群行为，即鱼群会在白天和晚上聚集于不同的水层进行栖息活动。③在水中穿梭、觅食的鱼群，如果其中一条鱼找到了食物，相邻的鱼会尾随跟踪而至，并迅速产生鱼群间的依赖性，导致整个鱼群都汇集过来，一起吃所发现的食物，直至食物被消灭干净。综上可见，如果将每条鱼看作一个智能体，那么，一个鱼群就是一群自然形成的智能体集合，它们通过独特的通信方式，形成智能体集合的群集行为来共同完成抵御被捕食、栖息生存和合作捕食等活动。

15.2　鱼群算法

2002 年，浙江大学的李晓磊等通过对鱼群生活习性与行为的分析，并利用计算机对其觅食行为、聚群行为、追尾行为进行模拟，提出了一种鱼群算法[38]。该算法将鱼的位置看作是优化函数问题的可行解 X，解的目标函数值 f(X) 代表食物的浓度。显然，浓度越高，说明解越好。鱼群算法在每次迭代中通过如下的 3 种行为[38]来更新鱼的位置、实现解的优化，并努力发现最优解。

1）觅食行为：是鱼生存的基本行为，平时鱼儿会在水中游来游去，并依靠其视觉或味觉来感知近处的食物大小或浓度，一旦发现食物，就会向食物快速游去。假设鱼所在的当前位置为 X_i，在其感知范围内随机选择一个位置 X_j，趋向规则是，若 $f(X_i)<f(X_j)$ 表示能够找到更好的食物位置，向前走一步，否则，重新随机选择新位置继续判断是否前行，如果达到设定的最大尝试次数仍不满足前行条件，则随机移动一步。

2）聚群行为：自然界中游动的鱼一般会聚集成群，以有效躲避外部侵害和保证自身的安全。聚集遵循的规则是：尽量向邻近伙伴的中心移动，同时在聚集过程中要避免过分拥挤。即当一条鱼发现邻近伙伴的中心有较多食物且不太拥挤时，该鱼会朝中心方向前进一步，否则将执行觅食行为的规则。

3）追尾行为：鱼群在游动过程中，一旦有鱼发现食物，其邻近的伙伴会尾随其快速到达食物处。这是一种朝着有高目标值的鱼追逐的行为，它将导致鱼从当前位置向其邻近的最优位置靠近。具体的追尾规则为：若一条鱼 X_i 的邻域内有一个高食物浓度的伙伴 X_j 且其周围的鱼不太拥挤，则该鱼朝伙伴 X_j 的方向前进一步，否则执行觅食行为的规则。

在 3 种行为中，觅食行为是鱼群算法收敛的基础，聚群行为用来增强算法的稳定性，而追尾行为则用来提高算法的快速性。它们相互配合、协调作用，一起完成在解空间内的优化搜索。总之，鱼群算法通过模拟鱼群的上述行为来实现目标函数的寻优，其基本框架[38] 如算法 3.1 所示。

算法 3.1　鱼群算法

1）设置鱼群规模 n、鱼的视野 visual、步长 step、拥挤度 δ、重复次数 Tryn、最大迭代次数 Genmax 等参数；

2）初始化鱼群，在 D 维空间中随机放置 n 条鱼，每条鱼的位置对应问题的一个可行解；

3）计算初始鱼群的个体目标函数值，将最优的鱼个体及其值赋予公告牌；

4）鱼群迭代寻优的循环：

{① 每条鱼从当前位置 X_i 开始依相关参数在视野中进行 3 种行为的试探：

{假设按觅食行为向前一步得到的位置及其目标值对为 $(X_1, f(X_1))$；

按聚群行为向前一步得到的位置及其目标值对为 $(X_2, f(X_2))$；

按追尾行为向前一步得到的位置及其目标值对为 $(X_3, f(X_3))$；

比较 $f(X_1), f(X_2), f(X_3)$ 得到最大值，其所对应位置确定为将要移动的目标位置 X_j；更新当前位置 $X_i = X_j$；}

② 计算本代鱼群的个体目标函数值，若最优个体优于公告牌，则更新公告牌；

③ 如果达到最大迭代次数，则退出迭代循环，否则，迭代次数加 1，继续 4）；}

5）输出迄今为止具有最好目标值的最优鱼位置（最优解）。

鱼群算法是一种基于动物行为的智能体寻优算法。由于该算法简单、实用，对很多问题都能快速获得一个可行解，因此引起了人们的广泛关注，算法求解模型及其应用范围也迅速得到了发展。近年来，已成功应用于变压器故障诊断、轴承故障诊断（bearing fault diagnosis）、路径规划、水电机组（hydropower unit）、多区型仓库（multi-zone warehouse）、机器人路径规划（robot path planning）、移动机器人（mobile robot）等领域。

16

会发光的磷虾（Krill）

在我国传统文化中，中国人是龙的传人，我们的祖先对龙有着非常深厚的崇拜之情。虾，身披铠甲，头顶长须，手持长钳，体态雄壮，行动灵活，与传说中的龙有一些相似特征，故常被比喻为龙的化身，并有吉祥平顺、长富久安的寓意。因对虾优美体形、多样形态的喜爱，很多耳熟能详的画家喜欢画虾。其中，当属绘画大师齐白石先生。据说，齐白石为了画出虾的生命力，在家中自己养虾，并通过每日对虾行为的长时间观察悟出了画虾的独特之法，让画笔下的虾生动地"活"了起来。

虾是一种生活在水中的节肢动物，按所生活的水源，可以分为淡水虾和海水虾两大类。淡水虾，主要生活在湖泊、河流、水库、池塘的淡水中，可进一步分为很多小类，如青虾、河虾、草虾、白虾、鳌虾等。海水虾，主要生活在海洋，也可进一步分为很多小类，如基围虾、琵琶虾、龙虾、南极红虾、对虾、磷虾等。相对而言，海水虾体形比较大，身体的颜色比较深，枝节粗而健壮；淡水虾体形小而修长，身体的颜色淡而通透。

小河虾喜欢生活在淡水河流，湖泊，水库沿岸浅水缓流、水草多的水域。在我童年生活中，最快乐的一件事情就是跟着哥哥去家乡的小河中捞虾。捞虾所用的工具与捞小鱼的相同，一般都是自制的、有长杆的捞鱼抄子或系着长绳的手抛鱼笼。用捞鱼抄子捞虾需要把握时机及时出手；而用手抛鱼笼捞虾则明显不同，它是一种守株待兔的捕法。如果看到有鱼虾在水草边游动，可以拿捞鱼抄子猛抄一把，然后把抄子拿到岸上并将网翻出来。一般总会有几只小虾被捕获，运气好时，也会抄到较大个的青虾。而使用手抛鱼笼时，下水前通常要在笼中放些窝头、鸡骨头等鱼虾爱吃的诱饵，然后手握长绳的一端将鱼笼抛入水中，待鱼笼没入水后就可以开始计时了。通常，人在岸边等待 10 ～ 20 分钟，就可以将鱼笼从水中拽出。伴着鱼笼离开水面，小鱼虾在鱼笼中活蹦乱跳的景象就会展现在眼前。这种收获的喜悦一直伴着我成长，也是我童年印象中一个幸福而难忘的回忆。图 3.2 所示为正在水草上休息的一只小河虾。

图 3.2　正在水草上休息的一只小河虾

16.1　磷虾的聚集和捕食

　　磷虾是一种分布广、数量大的海水虾。因为它是世界上含蛋白质最高的生物之一，所以，不仅是人类渔业的捕捞对象，也是海洋中众多经济鱼类的重要饵料。目前，全世界约有 85 种磷虾，其中，南极磷虾是资源最为丰富的一种，仅在南大洋就有数亿吨，于是有人将其称为"世界未来的食品库"。磷虾的眼、胸、腹部等处都有球状发光器，可发出磷光，故得名磷虾。磷虾的行为具有明显的集群性，是海洋中形成声散射层的主要浮游动物。在磷虾的集体洄游过程中，密密麻麻的磷虾有时会形成长、宽均达到数百米的行进队伍，致使海水也因其而变色：白天还是一片浅褐色的海面，而夜里却变成一片黄绿色。那么，南极磷虾是如何运动的，它们的运动有什么规律呢？

　　南极磷虾是一种喜欢群聚集的海洋性动物，发生群聚集的时间一般可持续数小时或数天，且群聚集的空间范围可从数十米到数百米。这个物种最大的一个特征就是它拥有形成大种群的能力。多年的研究表明，磷虾群是构成这个物种生态系统最基本的组织单位。这是因为海洋中存在着大量磷虾的捕食者，如海豹、企鹅或海鸟等。这些捕食者在攻击磷虾群时，会将处于虾群边缘的单个磷虾带走。与其邻近的一些磷虾则会因受惊而四处逃窜，从而使整个磷虾群的密度降低。尽管磷虾群被攻击后重新形成大的群聚集取决于许多因素，但是，为了增加磷虾群的密度和方便寻觅食物是磷虾个体完成再次群聚集的主要原因。也就是说，一方面，为了能躲避天敌的捕食、更好地活下来，磷虾个体在运动过程中会通过不断聚集来增大虾群密度；另一方面，为了寻找好的生存区域、获取必要的食物，磷虾也喜欢聚集，并通过种群的移动来尽可能地缩短与食物的距离。

16.2　磷虾群算法

　　受南极磷虾聚集和觅食行为的启发，美国学者 Gandomi 等于 2012 年提出了磷虾群算法（krill herd algorithm，KHA）[39]。该算法将磷虾个体看作是待求解问题的一个解，通过增加磷虾群密度和发现丰富的食物区域来引导磷虾个体最终聚集在全局的最优位置。即在 KHA 算法中，个体的适应度函数被定义为个体与食物、磷虾群最高密度位置的最短距离。在优化过程中，一个磷虾个体离最高密度位置和食物越近，其适应函数值就越佳。当磷虾搜索到最高密度位置和食物时，它就获得了最优解。为了模拟磷虾的生存过程，单个磷虾的位置更新被建模为一个由相邻个体的诱导运动、觅食运动、随机扩散 3 种行为决定的拉格朗日模型[39]。

　　1）相邻个体的诱导运动：该运动用来表示所有磷虾个体都试图保持磷虾群体的高密度状态，并因相邻个体的相互影响而发生的位置移动。诱导方向由邻域内的邻居所提供的局部效应（吸引或排斥）和最优个体所提供的目标效应通过所设计的公式估算而得，其中邻居向量的局部效应也需根据具体计算来决定是吸引的，还是排斥的。而一个个体邻域的确定是由所定义的感应距离来确定的，如图 3.3 所示，如果两个磷虾个体的距离小于感应距离，那么它们就被确定为邻居。

　　2）觅食运动：该运动被建模为食物位置与食物位置先验的线性加权之和。其中，食物位置决定了磷虾觅食的方向，而食物位置先验则描述了上次觅食运动的惯性记忆。

　　3）随机扩散：该运动被用于刻画磷虾个体进行物理扩散的随机过程，采用最大扩散速度与随机方向向量的乘积来表示。

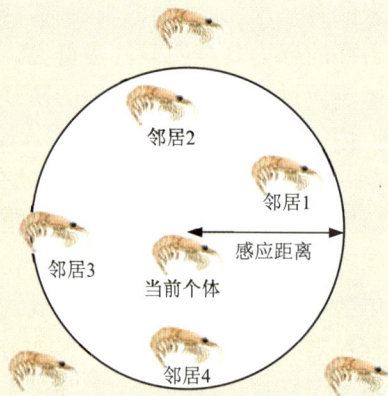

图 3.3　当前个体的邻居确定示意图

　　上述 3 种运动结束后，磷虾群算法还通过引入交叉或变异两种遗传算子操作来进一步提升种群优化的性能。

　　具体地，磷虾群算法求解单目标优化问题的基本框架[40]如算法 3.2 所示。

算法 3.2 磷虾群算法

1）设置种群规模 n、觅食速度、交叉率、变异率、最大扩散速度和迭代次数等参数；

2）初始化磷虾种群：

　　{ 在解空间中随机放置 n 只磷虾，对每只磷虾个体进行逐维初始化以确定其位置；

　　计算磷虾个体的适应函数值；}

3）依适应函数值对磷虾种群进行排序，并发现具有最好值的磷虾位置；

4）磷虾种群迭代寻优的循环：

　　{ for i=1 to n // 对于种群中每个个体进行优化更新

　　　{ 执行 3 种运动模型的计算，并依此更新磷虾个体的位置；

　　　　利用交叉、变异操作对个体进行进一步调优，再次更新个体的位置；

　　　　计算磷虾个体的适应函数值；}

　　依适应函数值对磷虾种群进行排序，并发现具有最好值的磷虾位置；

　　如果达到最大迭代次数，则退出迭代循环，否则，迭代次数加 1，继续 4）；}

5）输出迄今为止具有最好适应度的磷虾位置（最优解）。

磷虾群算法通过模拟自然界中相邻个体的诱导、觅食和随机扩散 3 种运动行为，频繁地改变磷虾个体的位置，使它们朝着具有最佳适应度的位置移动。其中，觅食运动和相邻个体诱导的运动包含两个全局勘探策略和两个局部开采策略。这些策略并行地发生作用，使算法具有强大的搜索能力。近几年，磷虾群算法引起了研究者的广泛关注，人们在算法改进、混合优化和推广应用上做了很多新探索。目前，磷虾群算法已被用于电力系统问题（electric and power system problem）、无线和网络系统问题（wireless and network system problem）、神经网络训练（neural network training）、汽轮机优化（turbine optimization）、主动配电网（active distribution network）、滚动轴承（rolling bearing）、短期负荷预测（short-term load forecasting）、故障诊断等问题的求解。

跃水滑翔的蝠鲼（Manta Ray）

蝠鲼(fú fèn)，是一种体形巨大的海洋动物，因为其长相奇特、恐怖，故被人们称为"魔鬼鱼"。2023 年 3 月 15 日，在《上海早晨》《北京您早》新闻节目中，都播报了一则国际新闻：加沙地带的海滩上出现了数十条搁浅的蝠鲼，引来大批当地居民围观。据当地渔民介绍，每年的 3 ～ 4 月，蝠鲼会聚集在加沙附近的地中海沿岸捕食，一些蝠鲼经常被海水冲上岸而搁浅在海滩上。

蝠鲼身体扁平，鳃孔宽大，头前长有两个突出的头鳍，胸鳍呈三角形，身体肌肉发达，尾细长如鞭。在海水中游动时，胸鳍会上下扇动，身体能够灵活地旋转和跳跃。当蝠鲼的转速、游速足够快时，它可以跃出海面在空中短时间滑翔，偶尔也会像一名跳水运动员一样完成漂亮的空翻，场面十分壮观。

17.1 蝠鲼的捕食

蝠鲼尽管外形有些可怕，但它是一种性格温顺的海洋动物。蝠鲼有一个从上到下扁平的身体和一对胸鳍，这使它能够在水里优雅地游泳。蝠鲼也有一对头鳍，延伸到它大嘴的前面。蝠鲼没有锋利的牙齿，所以只能以海水中的浮游生物和小鱼虾为食。觅食时，蝠鲼用角状的头鳍将水和猎物输送到嘴里，然后经鳃过滤后将水从鳃孔排出。图 3.4 所示为一条在海水中捕食的蝠鲼，鳃孔张开正在排水。蝠鲼的平均寿命是 20 年，在地球上已经生存了一亿多年。

由于体形大，蝠鲼每天需要吃大量的浮游生物。通常，一条成年蝠鲼每天可以吃掉 15 千克左右的浮游生物。虽然海洋被认为是浮游生物最丰富的来源。但是，浮游生物的生长并不是均匀分布或有规律地集中在某些特定区域，而是随潮汐的涨落或季节的变化而变化的。尽管如此，无论浮游生物的分布如何变化，蝠鲼总是能够发现大量的浮游生物。这也是人们对蝠鲼觅食行为产生极大兴趣的真正原因。在日常活动中，蝠鲼既可以单独出行，也可以成群出行，但在觅食时通常都是成群参与的，一群蝠鲼的数量有时可多达 50 条以上。

图 3.4　一条在海水中捕食的蝠鲼

在多年的生命繁衍中，蝠鲼进化出了多种奇妙而聪明的觅食策略[41]。

1）第一种觅食策略是链式觅食。当几十条或更多的蝠鲼开始觅食时，它们排成一排，一个接一个，形成一条有序的长链。与此同时，较小的雄性蝠鲼被驮在雌性蝠鲼背上，配合雌性蝠鲼胸鳍的跳动，在它们的背上游动。这种链式觅食能够保证前面蝠鲼错过的浮游生物会被后面的蝠鲼捕获。通过这种方式，蝠鲼个体相互合作，可以将最多的浮游生物吸到它们的鳃中，从而提高蝠鲼群体的食物获取效率。

2）第二种觅食策略是螺旋觅食。当一群蝠鲼在深水中发现浓度很高的一片浮游生物时，几十条蝠鲼会聚集在一起，形成一条长长的觅食链，并以螺旋形的移动方式向食物游去。每条蝠鲼除了呈螺旋状向食物移动，还会向排在前面的蝠鲼靠近。蝠鲼群通过将过滤后的水向上排出从而形成漩涡的方式，将浓密的浮游生物旋进它们张开的嘴巴。

3）第三种觅食策略是翻筋斗觅食。这也是大自然最壮丽的生物运动行为景观之一。当蝠鲼找到食物来源时，它们会做一系列的后空翻，在浮游生物周围盘旋，把浮游生物尽量吸引到自己的身边。翻筋斗是一种随机、频繁、有周期性的运动，该行为有助于蝠鲼优化所摄入的食物。

上述觅食行为在自然界是罕见的，也是蝠鲼特有的、非常有效的谋生手段。

17.2　蝠鲼觅食优化算法

受蝠鲼觅食行为的启发，河北工程大学的赵卫国等于 2020 年提出了蝠鲼觅食优化（manta ray foraging optimization，MRFO）算法[41]。该算法通过对蝠鲼个体间协作捕食行为的建模来实现对优化问题的求解。类似于一些优化算法，该算法以蝠鲼个体位置的编码表示待求问题的解，用适应函数来评价解（位置）的优劣，并通过蝠鲼链式、螺旋、翻筋斗等不同觅食方式来寻找新的解位置。算法求解单目标函数优化问题的核

心要点如下 [41]：

1）建模并模拟蝠鲼链式、螺旋、翻筋斗 3 种觅食策略，利用不同的位置更新方法提高算法的优化能力。

2）链式觅食策略：是指每个蝠鲼个体利用排在它前面的蝠鲼个体和当前种群中全局最佳蝠鲼个体的位置来更新自己位置的策略。

3）螺旋觅食策略：是指每个蝠鲼个体根据排在它前面的蝠鲼个体与某一参照蝠鲼个体的位置来更新自己位置的策略。参照的蝠鲼个体或者选择到目前为止得到的最佳蝠鲼个体，或者选择在搜索空间中随机产生的一个蝠鲼个体。不同的选择具有不同的作用，前者有利于在最佳蝠鲼个体附近进行局部开采，后者有利于在搜索空间中进行全局勘探。

4）随着迭代过程的不断推进，算法从勘探式的全局搜索平稳过渡到开采式的局部搜索。

5）利用随机函数的采样值，算法在链式觅食和螺旋觅食之间进行切换。

6）翻筋斗觅食使蝠鲼个体能够在不断变化的搜索范围内自适应地进行搜索。

基于上面描述的算法要点，蝠鲼觅食优化算法求解单目标函数优化问题的基本框架 [41] 如算法 3.3 所示。

算法 3.3　蝠鲼觅食优化算法

1）初始化参数：设置蝠鲼种群规模 n、迭代次数 t、最大迭代次数 T 等参数；

2）初始化蝠鲼种群：

　{ 在 D 维搜索空间中，随机初始化 n 条蝠鲼的位置，得到初始种群；

　　利用适应函数来计算每条蝠鲼个体的适应度值；

　　按适应度值从高到低排序 , 记录当前的全局最优解；}

3）蝠鲼种群迭代寻优的循环：

　{ for i=1 to n

　　{ if 随机函数 rand(0,1) 产生的数 r<0.5, then　// 螺旋觅食策略

　　　{ if t/T<r

　　　　　then 以随机生成的一个蝠鲼个体为参照执行螺旋觅食和位置更新；

　　　　　else 以迄今为止得到的最佳蝠鲼个体为参照执行螺旋觅食和位置更新；}

　　else 执行链式觅食策略，并进行位置更新；

　　计算蝠鲼个体的适应度值；

　　如果有比先前最优解更好的解，则更新全局最优解；

　　按翻筋斗觅食策略进行位置更新；

　　计算蝠鲼个体的适应度值；

　　如果有比先前最优解更好的解，则更新全局最优解；}

　　如果 t 达到最大迭代次数 T，则退出迭代循环，否则，迭代次数加 1，继续 3）；}

4）输出迄今为止具有最好适应度的解位置（最优解）。

　　蝠鲼觅食优化算法通过模拟蝠鲼的智能觅食行为，实现了链式、螺旋、翻筋斗 3 种觅食操作。这种算法的可调参数很少，易于实现，不仅在单模态、多模态、低维和组合等多种函数优化问题上获得了好的性能，而且目前已被成功应用于拉伸 / 压缩弹簧设计（tension/compression spring design）、耐压容器设计（pressure vessel design）、焊接梁设计、减速器设计（speed reducer design）、滚动轴承设计（rolling bearing design）、多片式离合器制动设计（multiple disc clutch brake design）、静压推力轴承设计（hydrostatic thrust bearing design）等工程应用领域。

四、两栖动物篇

18

蹦蹦跳跳的青蛙（Frog）

在我国，古往今来，借用青蛙来抒情言志的诗词也不少。其中，最有气魄的当属《七绝·咏蛙》中"独坐池塘如虎踞，绿荫树下养精神。春来我不先开口，哪个虫儿敢作声。"的诗句。据说，该诗是少年毛泽东在求学中的应试之作，他通过对青蛙姿态和精气神的歌颂，豪迈地表达了自己的远大理想和抱负。

在炎炎夏日的雨后，我们经常会听到远处传来"呱呱……呱呱"的叫声，如果循声寻去，有时会走出好几里地。而且，如果只听这叫声，人们有时也难以分辨是青蛙还是蟾蜍。因为青蛙和蟾蜍的叫声非常接近。不过，它们在外观上还是有明显差异的，具有截然不同的体形、颜色和皮肤。比如，青蛙体形苗条，而蟾蜍体形肥胖；青蛙披着一身翠绿，而蟾蜍则一般都是土黄色；青蛙满身的皮肤光滑且具有光泽，而蟾蜍背部的皮肤则疙疙瘩瘩，长满了疣粒。另外，青蛙和蟾蜍的行为习性也不尽相同。比如，青蛙需要生活在离河、湖等水源比较近的草丛中，而蟾蜍则无此需求，它们一般生活在乡间院落或田间地头的阴沟或石缝中。青蛙的后腿很长，喜跳跃，而蟾蜍的后腿较短，比起跳跃，它更擅长爬行。那么，除了这些容易看到的特征，青蛙还有哪些有趣的成长和生活习性呢？

18.1　青蛙捕食的行为模式

青蛙，作为一种两栖类动物，其生长过程可分为受精卵、蝌蚪、幼蛙、成蛙四个时期。青蛙属于体外受精，卵子、精子会产于水中。如果条件适宜，水温合适，受精卵经 3 ～ 4 天就可以孵化出来，成为蝌蚪。蝌蚪在水中生长，像鱼一样用鳃呼吸，以水中的食藻类浮游生物为生，一般要经过 50 ～ 70 天才能变成幼蛙。幼蛙先后长出后肢、前肢，与此同时，尾和鳃逐渐萎缩、消失，主要用肺呼吸，然后离开水到陆地生活。幼蛙在新生活环境下，经一段时间的生长后变为成蛙。成蛙由于皮肤裸露，无法防止体内水分蒸发，所以，它们常栖息于河流、池塘和稻田等有水的潮湿环境中，大部分时间都在水边的陆地上活动，只有在必要时才跳入并潜伏到水中躲避危险。

青蛙是一种杂食性动物，它主要以捕食飞动的昆虫为主，且所捕食的昆虫绝大部分是对农作物有害的昆虫。有研究发现，一只青蛙一天可捕食数十只昆虫，一年就可能消灭上万只昆虫，可见青蛙是对农作物生长有益的动物，为农作物的保护者。那么，青蛙是如何捕捉昆虫的呢？青蛙捕虫主要靠眼睛、腿部和舌头 3 种器官的协调配合。青蛙捕虫的常见情景如下：一只青蛙趴在荷叶上，前腿支撑，后腿蜷曲地跪着，仰着头睁大眼，静静地等待着猎物。青蛙的眼睛对运动的物体非常敏感，一旦有移动的昆虫，就能够快速发现。然后，青蛙利用肌肉发达的后腿及时起跳，将身体跃到看到的昆虫位置，张开嘴，伸出灵活的舌头快速将昆虫卷入口中。最后，青蛙身体下落，回到原来位置继续蹲守。这种所见即所得的捕虫方式，依赖于青蛙个体出色的跳跃能力。实际上，青蛙也是一种喜欢过群居生活的动物。在夏季的晚上，烈日西下，气温凉爽，蚊蝇活跃，青蛙就会结队出动，在水边进行捕食。雄性青蛙也会在捕食之余进行求偶，它们通过"呱呱……"的鸣叫来吸引异性，或者进行相互交流以交换食物信息。图 4.1 所示为一只在池塘荷叶上休息的小青蛙。

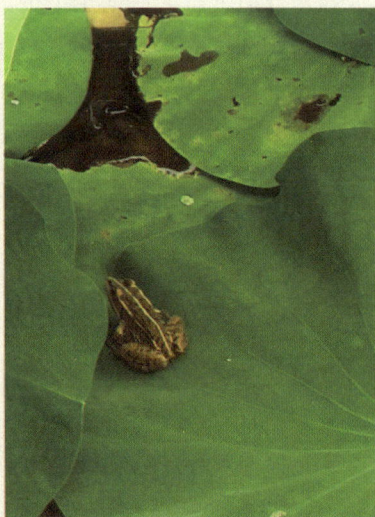

图 4.1　一只在荷叶上休息的小青蛙

18.2　混合蛙跳算法

2003 年，美国亚利桑那大学 Eusuff 等通过用计算机模拟一群青蛙在捕食过程中的交流与合作模式，提出了一种求解管道网络扩充中管道尺寸最小化问题的混合蛙跳算法（shuffled frog-leaping algorithm，SFLA）。算法的主要思想如下[42-43]：一大群青蛙生活在一片湿地中，湿地内离散地分布着一些能够让青蛙落脚的裸露陆地或石头。每只有一定"思想"的青蛙以其位置代表所求问题的一个解，解的好坏对应着食物的多少，食物最多的青蛙位置就是所求问题的最优解。蛙群通过在石头间的不断跳跃去发现食物更多的位置。根据实际的地理分布，这片湿地可以被划分成一些小区域。相应地，湿地中的大蛙群被分为等量的子种群（组），分别生活在相应的小区域。在每个小区域生活的青蛙个体通过不断跳跃和鸣叫与子群中的其他个体进行信息交流，实现"思想"

的相互渗透，并共同完成小区域内解的局部开采和优化。当青蛙跳跃一定次数后，各并行进化子种群中的全部个体被重新混合在一起，形成新的大蛙群，并通过全局信息交换和"思想"渗透，完成大蛙群的全局勘探。经子种群的局部开采与大蛙群的全局勘探后，如果所设置的结束条件满足，则算法结束，否则，大蛙群被重新划分为新的子种群，上述过程继续迭代进行，直到结束条件满足为止。

综上，混合蛙跳算法结合了各个子种群内互动个体的局部信息交换（局部开采）和整个种群的全局信息交换（全局勘探）来对优化问题进行求解，算法的基本框架[44]如算法 4.1 所示。

算法 4.1　混合蛙跳算法

1）初始化：设置子种群个数 m，子种群规模 n、整个蛙群规模 F=m×n 等参数；

2）生成一个虚拟种群：在 D 维可行解空间中随机生成 F 只青蛙，每只青蛙的当前位置代表解空间的一个候选解，为每只青蛙计算其适应函数值；

3）给青蛙排序：按适应函数值降序排列蛙群，生成数组 X，记录数组中的首元素为当前种群中最好青蛙（最优解）的位置 P_x；

4）划分青蛙的子种群：依照青蛙适应函数值优劣的次序，逐个依次划分到子种群中，以保证划分后每个子种群（n 只青蛙）内解的优劣分布大致均衡；

5）每个子种群内青蛙的进化：在每个子种群中，每只青蛙都会受到其他青蛙信息的影响，通过相互交流，使每只青蛙朝目标位置逼近；（局部开采）

　{ ① 初始化：设置子种群的计数器 im 和进化计数器 iN，初始值为 0；

　② im=im+1；（最大个数 m）

　③ iN=iN+1；（最大进化步数 N）

　④ 构建子种群中的进化组：不是子种群内的所有青蛙都进化，从 n 只青蛙中随机选择 q 只青蛙构成该子种群的进化组 Z。青蛙被选择的策略是：选择权重与其解优劣成正比，权重的计算采用三角概率分布；Z 中青蛙按适应函数值降序排列，Z 中首元素为适应函数值（位置）最好的 P_b，末元素为最差的 P_w，记录 P_b 和 P_w；

　⑤ 调整最坏青蛙的位置：通过计算 P_b 和 P_w 获得移动步长和青蛙的新位置；

　⑥ 继续调整：如果上述过程能使青蛙到达一个更好的位置，即能产生一个更好的解，那么就用新位置取代旧位置；否则，用 P_x 代替 P_b，重复上述过程；

　⑦ 审查：如果上述方法仍不能生成更好的位置，那么就随机生成一个新的可行解取代最坏青蛙原来的位置 P_w；

　⑧ 更新子种群：进化组最差青蛙位置改变后，更新 Z 并重新降序排列青蛙子种群；

　⑨ 如果 iN<N，则执行③；

　⑩ 如果 im<m，则执行②，否则退出局部开采，执行全局勘探；}

6）青蛙在子种群间的移动：在每个子种群中执行了一定步数的进化后，将各个子种群的青蛙重新合并为 X。重新按适应函数值降序排列 X，并更新种群中最好的青蛙 P_x；（全局勘探）

7）检查终止条件：如果终止条件满足，则转下一步；否则，重新执行 4）；

8）输出迄今为止具有最好适应函数值（适应度）的青蛙位置（最优解）。

　　混合蛙跳算法是近年来发展起来的一种通过模拟青蛙觅食过程中信息共享和交流而演化生成的群智能算法。尽管步骤较多，但它结合了以遗传行为为基础的模因算法和以社会行为为基础的粒子群优化算法的优点，因此具有收敛速度快、算法模型简单、易于实现等特点。近年来，混合蛙跳算法的应用已成功拓展到故障诊断、无线传感器网络（wireless sensor network）、云计算、背包问题（knapsack problem）、电力系统、优化设计（optimal design）等工程领域。

五、哺乳动物篇

机敏矫健的猫（Cat）

有人说，猫是世界上人类家庭里养得最多的宠物。尽管这句话的真伪无法严格考证，但应该有一定的道理，因为我们身边的许多人家曾养过猫。在城市，人们养猫主要是将其作为一种宠物，在生活中愉悦心情、缓解压力和焦虑；而在农村，人们养猫更多是利用猫抓老鼠的天性来防止老鼠对贮藏粮食的侵害。养猫的历史在我国由来已久，最早可追溯到秦汉时期。说起猫抓老鼠，人们很容易联想到动画片《猫和老鼠》（*Tom and Jerry*），该片绘声绘色地讲述了 Tom 和 Jerry 这对水火不容的猫鼠冤家之间的"战争"，获得了全球观众长时间的喜爱。

19.1　猫抓老鼠的行为模式

猫，虽然是一种与老虎、狮子、豹子等大型野兽同科（猫科）的动物，但猫已被人类驯化近万年，成为与人类最亲近的猫科动物。猫具有猫科动物的共性特征，行动敏捷、善跳跃、喜夜行。此外，猫也有其专属特征，喜爱吃鱼和老鼠。那么，猫为什么喜欢吃鱼和老鼠呢？这其实是一种自身的生理需要，因为猫需要不断摄取牛磺酸才能保证在夜行时看清事物，而鱼和老鼠的体内恰恰含有大量的牛磺酸。人类最初之所以驯化猫，也是看中猫是鼠类的天敌，想利用猫抓老鼠的本领来有效减少鼠类对农作物的损害。图 5.1 所示为夏季一只在院中纳凉的黄色虎皮猫。

猫为什么擅长抓老鼠呢？这不仅与它趾底有脂肪质肉垫、趾端有锐利的趾甲、犬齿和臼齿发达而锋利等形态特征有关，更与它的生活习性息息相关。比如，猫具有一种对移动物体强烈好奇的自然本能，一旦发现目标便喜欢跟踪。猫的警觉性非常高，经常轻手轻脚、悄无声息地变换自己的躺卧位置，有时也会若无其事地散步，通过轻盈跳跃改变自己的观察位置。猫尽管都比较贪睡，一般一天都要睡 14～15 个小时，但其实真正熟睡的时间只有 4～5 个小时，其他时间都是在闭目养神或在"假寐"中观察周边动静，耳朵也会警觉地监听外界的声响，稍有情况就会腾地一下子起来，扑向猎物。猫在空闲时喜欢与主人嬉戏、打闹，经常把主人手里的物品作为猎物来练习紧抓、猛扑、狠咬。尽管猫比较任性，经常我行我素，不听主人召唤，但它有很强的记忆能力，能够记忆人的味道或者行走过的路线。这些生活习性不仅与猫捕食猎物（老鼠）的技能密切相关，而且也展现了猫的聪明和深思熟虑。

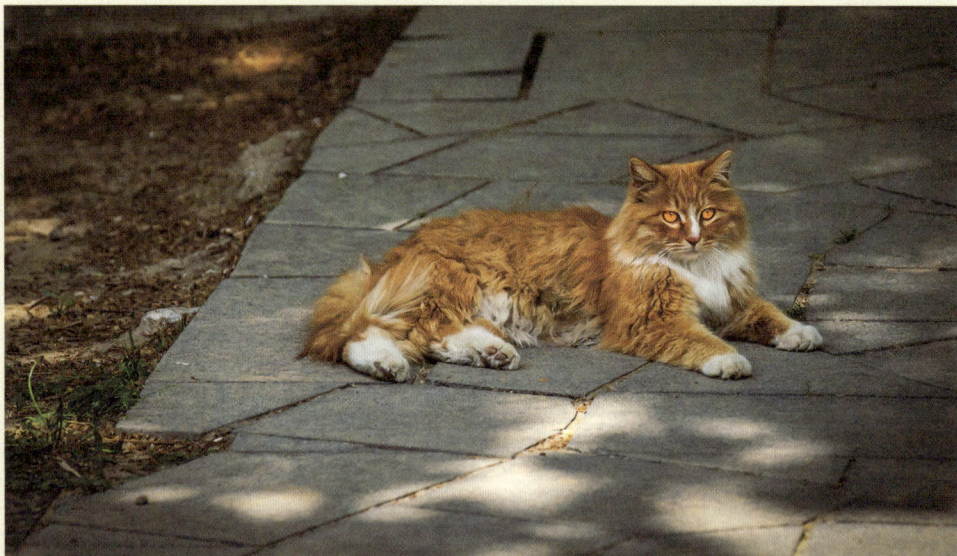

图 5.1　一只在院中纳凉的黄色虎皮猫

19.2　猫群优化算法

2006 年，中国台湾正修科技大学初树安等利用计算机模拟猫群抓老鼠过程中的行为模式，提出了求解函数优化问题的猫群优化（cat swarm optimization，CSO）算法。该算法的主要思想如下[45]：首先建立猫的搜索模式和跟踪模式两种行为模型，然后利用预定的比例将两种行为模式相融合来进行函数寻优，最后获得优化的解。具体地说，猫群优化算法中的每只猫被看作是一个智能体，它代表待求优化问题的一个可行解。在多维函数优化问题中，一个可行解用一个由 M 维向量组成的位置表示，每一维的位置变化由该维的速度决定。可行解的好坏由与函数取值成比例的适应函数值评价。除此之外，该算法还设计了一个标识值来标识猫所处的模式（搜寻模式或跟踪模式）。

搜索模式用来模拟猫所处的"睡眠"状态，具体完成休息、四处查看、搜寻下一个移动位置的任务。该模式定义了 4 个要素[45]：①搜寻的记忆池（seeking memory pool，SMP），用来记录每只猫能够记忆的搜寻位置个数；②所选维的搜索域（seeking range of the selected dimension，SRD），用来确定每一维变量的取值范围；③变化的维数（counts of dimension to change，CDC），用来确定每只猫将要改变的维数；④所考虑的自身位置（self-position considering，SPC），是一个布尔值，表示是否要将猫正在站立的当前位置作为候选位置。搜索模式的具体过程包括如下几步[45]：

1）用每只猫的当前位置来初始化它的记忆池（复制当前位置 j 份，j=|SMP|）。

2）对记忆池中的每个候选解，每只猫先按照自己的变化维数随机选择要变化的维，并通过随机增加或减少搜索域值来改变要变化的维值，最后用所得到的新位置（新候选解）替换原来的位置（原候选解）。

3）利用适应函数，计算当前所有候选解的适应度值。

4）利用适应度值，计算每个候选解的选择概率。

5）利用每个候选解的选择概率，采用概率随机的方法随机从记忆池中选择一个候选解作为该猫的新位置，用新位置替换当前位置。

跟踪模式用来模拟猫跟踪猎物时的行动状态。一旦猫处于跟踪状态，它会根据自己每一维的速度来更新自己所处的位置。跟踪模式的具体过程包括如下几步[45]：

1）基于当前猫群所获得的最好位置（当前最优解），按所设定的速度计算公式更新猫每维的速度。

2）检查速度是否在容许的最大范围之内，若超界，则设置为边界值。

3）将速度作为位置的变化量，按所设定的位置计算公式更新猫所在的位置。

猫群优化算法利用一个叫混合率的参数将上述两种模式相结合以实现函数的寻优，其基本框架[46]如算法 5.1 所示。

算法 5.1　猫群优化算法

1）设置种群规模（猫的个数）n、混合率 MR、|SMP|、|SRD|、|CDC| 等参数；

2）初始化种群，在 M 维空间中随机放置 n 只猫的位置，并在速度取值范围内随机为每只猫选择移动速度；

3）根据混合率 MR 从猫群中选择一部分猫设置为跟踪模式，剩余猫设置为搜索模式；

4）猫群迭代寻优的循环：

    {① 利用适应函数计算每只猫的适应度，记录当前猫群中最优猫及其位置；

    ② 根据每只猫所处的模式，分别执行搜索过程或跟踪过程的位置移动；

    ③ 从当前猫群中依 MR 重新选择一部分猫设置为跟踪模式，其余为搜索模式；

    ④ 如果满足算法终止条件，退出迭代循环，否则，迭代次数加 1，继续 4）; }

5）输出迄今为止具有最好适应度的最优猫的位置（最优解）。

猫群优化算法是一种元启发式的群智能搜索算法，一经提出就引起研究者的广泛关注。近年来，通过对猫群优化算法的深入研究和改进，函数优化问题的求解性能得到不断提升。此外，猫群优化算法已推广、应用于路径优化（path optimization）、任务调度（task scheduling）、拆卸线平衡（disassembly line balance）、云计算、立体车库（stereo garage）、光伏阵列（photovoltaic array）等工程问题。

20

勇猛机智的狼（Wolf）

人类在地球上与狼共存了几百万年，也相互斗争了数万年，所以人对狼有较全面的认识。谈起狼，人们第一个想到的可能就是凶残、野蛮、桀骜不驯的野性。所以，才会有"狼子野心""狼心狗肺""狼贪虎视""豺狼之吻""豕突狼奔"等诸多成语。我的家乡太谷的周边有很多山，小时候，山里有一些野生动物出没，比较大型的动物当属狼和金钱豹。在夜间，偶尔也会有狼流窜到邻近山区的村庄里咬死农民家养的猪、羊等牲畜，叼走鸡、鸭等家禽。所以，晚上有种闻狼色变的感觉。记得那时，如果在天黑后孩子仍哭闹不休，大人就会用"你再哭，狼就会来"来制止孩子的哭闹。由此可见，人们对狼的野性满怀畏惧之心。

其实，在与狼的多年斗争中，人类对狼也充满了敬意。虎狼之师、虎狼之威、如狼似虎等词语都表达了对狼强大、威严、勇猛的称颂。近年来，以狼命名的电影《战狼Ⅰ》和《战狼Ⅱ》屡获各种电影奖项。该片讴歌了中国军人在现代军事战争中浴血拼搏、英勇奋战的精神。2015 年，根据作家姜戎创作的小说改编拍摄的电影《狼图腾》，通过牧民与狼在内蒙古大草原上为了各自生存而斗智斗勇的搏杀故事，诠释了狼不言败、不退缩的不服输气概，听从指挥、集体至上的团队精神以及不甘示弱、正视困难的强者心态。

20.1 狼的捕猎行为

狼广泛生活在森林、沙漠、山地、草原等自然环境中，是一种夜行性的食肉犬科动物。在我国，除海南之外的地方都有过狼的踪迹。不过，由于狼的生存环境被破坏，目前狼的分布区域在大大缩小，狼的数量也在大幅减少。狼的四肢发达而强健，擅长疾速奔跑，喜欢群居。狼的脚掌上具有膨大的肉垫，足趾间有蹼连接，故能够适应不同类型的地面，尤其是雪地。狼的听觉、视觉和嗅觉都非常敏锐，尤其是嗅觉惊人，这也是狼能够高效追踪猎物并成功狩猎的关键因素。图 5.2 所示为雪地中正在驻足观望的一匹狼。

图 5.2 雪地中正在驻足观望的一匹狼

狼的食物范围很大，其中，较小的猎物包括鱼、蟹、松鼠、野鸡、野兔、海狸等，大型的猎物有鹿、麋鹿、羚羊、野猪等。狼偶尔也会偷袭家禽、家畜，甚至攻击人类。在面对大型猎物时，狼通常会以家庭或家族为单位组成狼群（通常为 7～30 匹狼），对猎物进行有组织的攻击。在狩猎过程中，狼群会有所分工，由头狼带领，按身体强壮程度将其余狼划分为不同等级。不同等级的狼在头狼的指挥下进行伏击、跟随、围攻、追逐等狩猎行为。狼嚎是狼群个体间互动和交流信息最主要的方式，比如在猎食前聚集狼群、在猎捕过程中传递指令和交换信息、在猎捕后分配猎物以及遇到危险时传送警告等过程，都需要通过不同频率、不同音调、不同音节的狼嚎来实现。因此，狼嚎可以看作是狼群交流信息、表达情绪的一种语言。

20.2 狼群算法

基于狼的捕食行为模式，中国学者相继提出了几种狼群优化算法。2007 年，北京理工大学的杨晨光等利用计算机模拟一群狼通过相互协作捕获大型猎物的行为模式，首次提出了一种简单的狼群搜索（wolf pack search，WPS）算法并将其与蜜蜂交配优化算法相结合[47]。2011 年，华北电力大学的柳长安等通过模拟狼群聪明的掠夺行为提出了一种解决函数优化问题的狼群算法（wolf colony algorithm，WCA）[48]。2013 年，中国人民解放军空军工程大学吴虎胜等又进一步提出了一种扩展的狼群算法（wolf pack algorithm，WPA）[49]，该算法给出了狼的分级（头狼、探狼与猛狼）及分工（游走、召唤、围攻）的具体模拟，提出了"胜者为王"的头狼转换规则和"强者生存"的狼群更新机制。下面我们以 WCA 为例，介绍狼群算法的主要思想[48]：每个狼的位置代表一个可行解。整个狼群有一个严格的组织体系，在狩猎中按该体系进行任务的明确划分以保证狼群步调的一致性。一些狼被指定为搜寻狼，它们担任搜索任务，在猎物活动的范围内进行搜索。当搜寻狼发现猎物时，它们会通过嚎叫的方式将猎物的位置通知给其他狼。其他狼接到信号后一起靠近猎物并围攻它。当狼群把猎物咬死后，按照把多且好的肉分配给强壮狼的原则对猎物进行分配，这种分配原则能够体现狼群自身优胜劣汰的进化。

狼群算法通过模拟狼的上述行为来实现目标函数的寻优，其基本框架[48]如算法 5.2 所示。

算法 5.2　狼群算法

1）设置狼群规模 n、最大迭代次数 maxk、搜寻狼的个数 q、搜索方向 h、最大搜索次数 maxh、搜索步长 stepa、围攻步长 stepb、淘汰狼的个数 m 等参数；

2）初始化狼群，在 D 维空间中随机放置 n 匹狼，每匹狼的位置对应一个可行解；

3）狼群迭代寻优的循环：

　　{ ① 利用适应函数计算狼的适应度，从当前狼群中选择最优的 q 匹狼作为搜寻狼，每匹搜寻狼依 h、maxh、stepa 的限定不断更新位置，向前探测更优的位置；

　　② 从当前狼群中选择最优的位置作为猎物位置，狼群中的每匹狼以猎物为目标，依 stepb 的限定向前围攻并改变自身的位置；

　　③ 按猎物的分配原则对狼群进行更新：利用适应函数计算每匹狼当前的适应度，淘汰当前狼群中 m 匹适应度最差的狼，同时随机产生 m 匹新的狼（位置）；

　　④ 如果达到最大迭代次数，则退出迭代循环，否则，迭代次数加 1，继续 3)；}

4）输出迄今为止具有最好适应度的最优狼的位置（最优解）。

狼群算法是由中国学者提出的一种元启发式的群智能搜索算法，由于具有鲁棒性强、收敛速度快、精度高等优点而得到学术界的广泛关注。近年来，派生和改良算法不断涌现，求解性能不断提升。与此同时，狼群算法的应用也在不断扩展，目前已在故障诊断、路径规划、图像分割、生产调度（production scheduling）、电力系统、神经网络（neural network）等问题求解中得到成功运用。

21

攀爬灵活的猴子（Monkey）

在中国猴文化中，猴子聪明、灵巧、智慧，常被看作吉祥、富贵、有地位的象征。这些象征的含义在许多古代图案中得到了充分体现。比如，骑在马上的猴子图案寓意为马上封侯，行走的路上到处是玩耍的猴子图案寓意为一路封侯，大猴背小猴的图案寓意为辈辈封侯，鹊、鹿、猴组合的图案寓意为爵禄封侯，灵猴手拿寿桃的图案寓意为灵猴献寿，等等。可见，猴子的体面和风光由来已久。明代吴承恩写的名著《西游记》更是将猴子的神通广大诠释得淋漓尽致。20 世纪 80 年代，由吴承恩同名小说改编的电视连续剧《西游记》，让石猴转世的孙悟空瞬间成为家喻户晓的人物。其中，《大闹天宫》《悟空三打白骨精》《降伏红孩儿》《真假美猴王》《火焰山借芭蕉扇》《智斗金角银角大王》等神话故事活灵活现地塑造了孙悟空超凡入圣的英雄形象。当然，最让小朋友羡慕的可能是孙悟空那七十二般变化和"一个跟头十万八千里"的本领。那么，在现实世界中，猴子通常都有哪些动作行为和生活习性呢？

21.1 猴子的行为特征

猴子属于灵长类动物，从进化的角度，可分较低等的原猴类和较高等的猿猴类。我们常说的类人猿，长臂猿、猩猩、黑猩猩和大猩猩等，都属于更高等的猿猴类。猿猴类猴子属于群居动物，正如《西游记》中花果山中所描述的情景，几十或上百只猴子聚集在一起，占据一定范围的领地，在猴王的带领下过着社群性很强的生活。在社群生活内，猴子间也有着复杂的成员关系。为了维系这些关系，成员彼此也需要进行必要的交流和沟通。虽然猴子间没有语言，但它们会使用表情、声音以及肢体动作表达训斥、报警、顺从等交流信息。在动物园的猴山上，我们经常看到猴子相互间用手理毛，并时不时把从同伴身上找到的细小盐粒（从汗液中凝结的）放到嘴里吃。猴子的这个行为一方面满足了自身获取电解质的生理需要，另一方面，也可以增进猴子间的感情。图 5.3 所示为动物园中的一对金丝猴。

我们知道，人类的祖先是猿。20 世纪初期发现的北京猿人化石，虽然不是最早的直立人化石，但它证明北京猿人不仅懂得采摘和狩猎，而且已知道用火烧烤食物和保留火种来进行驱寒取暖，这是人类主动适应自然的能力体现。由于猴子是一种与人类亲缘关

图 5.3　动物园中的一对金丝猴

系最近的动物，即在生理、进化、遗传等方面，猴子与人存在着很多相似点。因此，科学家一直以来都没有停止对猴子的认知、行为、社交、生理、生化等特征的深入研究。动物学家发现大多数猴子是树栖性动物，它们常年居住在树上。猴子大脑发达，关节灵活，具有天然的攀爬树木能力，能够利用有力的手脚在森林树木间快速移动。当然，猴子偶尔也会跑到地面，直立行走，寻找地上的食物或饮溪流中的水。像很多其他哺乳动物一样，猴子也是一种杂食性动物，主要吃水果、种子、坚果、树叶、花、昆虫、动物的蛋及小动物。在觅食过程中，它们主要利用长四肢和身体的敏捷性通过爬、跳、翻等动作抓取或捕获食物。

21.2　猴群算法

2008 年，天津大学的赵瑞清和唐万生通过对猴群爬山过程的行为分析，利用计算机模拟了猴群主要实施的攀爬行为、观跳行为和空翻行为，提出了一种猴群算法（monkey algorithm，MA）[50] 来求解多变量的函数优化问题。MA 的主要思想是：假设在爬山过程中每只猴子的位置代表函数优化问题的一个可行解，位置的海拔高度表示该解的目标函数值，那么，猴群寻找最高峰的过程则对应在可行解空间内查找函数极大值的优化过程。具体过程如下[50]：在一群猴子群居的一个给定区域内（目标函数的可行解空间）有一些小山头（局部极大值），为了能够发现其中最高的山顶（全局极大值），这群猴子从它们各自的位置出发开始攀爬，实施攀爬过程。通常，对于每只猴子来说，如果它到达一个山顶，它很自然地会四处眺望，看看周围有没有比自己当前位置高的其他山头。如果存在更高的山头，它就会实施观跳过程，即从当前位置跳到刚才观察所发现的那个山的某处，然后从该处开始重复攀爬过程，直至到达那个山的山顶。经过多次的攀爬和观跳，每只猴子都能发现在它原始位置附近的一个局部最高的山头。显然，如果想发现更高的山头，每只猴子需要开辟新的、更大范围的探索，即通过空翻过程来到一个新的区域开展新搜索。猴群经过多次的攀爬、观跳和空翻过程，最终会发现这个区域的最高山头（具有最优目标函数值的可行解）。在上述过程中，猴子的攀爬主要是在当前位置直接邻域的小范围内进行局部开采，若能发现更优值的位置，则用更优值所在的位置替换掉原来的位置；观跳是在猴子视野范围内更大的间接邻域进行局部开采，查看有无更优位置，若有则跳至更好的位置，以加速寻优过程；空翻是为了避免陷入局部最优而进行的随机探索，猴子通过空翻到达一个新区域，在该区域重复攀爬、观跳和空翻以寻找全局最优解。

基于上述思想，猴群算法的基本框架[50] 如算法 5.3 所示。

算法 5.3　猴群算法

1）设置猴群规模 n、攀爬步长、视野宽度、空翻范围、最大攀爬次数、最大迭代次数等参数；

2）初始化猴群，在 D 维空间中随机放置 n 只猴，每只猴的位置对应一个可行解；

3）计算初始猴群的个体目标函数值，用公告牌记录最优的猴个体及其目标值；

4）猴群迭代寻优的循环：

　{① 每只猴依次执行攀爬、观跳、攀爬、空翻等过程：

　{从当前位置出发按攀爬步长执行攀爬行为，获得更好位置并进行位置更新：

　　{若达到最大攀爬次数或目标函数值不再变化则停止本次攀爬，否则次数加 1 继续；}

　　在当前位置视野宽度内执行观跳行为，获得更好位置并进行位置更新；

　　从新位置出发按攀爬步长执行攀爬行为获得更好位置，进行位置更新：

　　{若达到最大攀爬次数或目标函数值不再变化则停止本次攀爬，否则次数加 1 继续；}

　　在新位置空翻范围内执行空翻行为，获得更好位置并进行位置更新；}

　② 计算本代猴群的个体目标函数值，若最优个体优于公告牌，则更新公告牌；

　③ 如果达到最大迭代次数，则退出迭代循环，否则，迭代次数加 1，继续 4）；}

5）输出迄今为止具有最好目标值的猴子个体位置（最优解）。

　　猴群算法是新近提出的一种群智能优化算法，它通过模拟猴群攀爬行为过程来实现多维函数的优化，具有结构简单、鲁棒性强、不易陷入局部最优等特点[51]。该算法虽然提出的时间不长，但已引起一些研究者的广泛关注，目前已在传感器优化配置（optimal sensor placement）、输电网络扩容规划（transmission network expansion planning）、资源分配问题（resource allocation problem）、汽车能量管理问题（automotive energy management problems）、入侵检测技术（intrusion detection technology）、加油站项目调度问题的优化（optimization of gas filling station project scheduling problem）、聚类分析问题（clustering analysis problem）等领域得到应用。

成群迁徙的大象（Elephant）

　　大象，在中国传统文化中被赋予了吉祥的寓意，尤其是傣族人民，更是将象视为吉祥、力量的象征。以象为主的图案，常常表示吉祥如意、平安和顺等含义。例如，象驮宝瓶（平）的图案寓意为"太平有象"，象驮插戟（吉）的图案寓意为"太平吉祥"，儿童骑（吉）象的图案同样寓意着"吉祥"。虽然大象躯体庞大，力大无穷，但却生性温和，忠厚诚实，在万兽中被尊为兽中之德者。经书《摩诃止观》中记载，普贤菩萨的坐骑为一头六牙白象，在一些神话传说中，这头大象能预兆灵瑞。

　　这几年在国内最受关注的有关大象的新闻报道，应该是始于 2020 年 3 月终于 2021 年 8 月的云南象群迁徙事件。2020 年 3 月，16 头亚洲象结队从云南的西双版纳进入普洱市，开始北上，历时 500 多天，北迁象群平安回归传统栖息地。那么，大象为什么要迁徙，它们都有哪些特殊的行为习性呢？

22.1　大象的行为习性

　　大象聪明、憨厚，容易与人亲近，是人类的朋友。大象的分布本来很广，但由于可生存的自然环境越来越小，以及一些不法分子的滥捕滥杀，地球上的很多洲已经看不到大象的足迹。目前，主要有亚洲象和非洲象两大类。相较而言，亚洲象的肩高、体重都比非洲象要小一些，尽管如此，亚洲成年象的肩高也能达到 2 米，体重也能超过 3 吨。图 5.4 所示为一头正在吃食的亚洲象。除头大腿粗、双耳如扇外，大象最明显的体态特征是拥有·个柔韧且肌肉发达的大长鼻，它具有多种用途，如呼吸、提水和抓取物体，是大象自卫和取食的主要工具。

　　大象栖息在草原、森林、沼泽、沙漠等不同的自然环境中，属于食草动物，主要以野草、野果、树叶、嫩枝、蔬菜等植物为食。由于大象体形庞大，所以每天需要吃大量的食物。为了有利于消化，大象每天还需要饮用大量的水，因此，大象的栖息地通常需要有水源地的保障。大象是一种寿命较长的动物，一般能活 50～70 岁。不过，大象怀孕周期也比较长，一般需要 22 个月，且每胎只能产一仔，可见，大象的繁殖能力比较弱。在生活方式上，大象，尤其是雌象，是一种群居性动物，它们在由一些成年雌象与它们的幼仔组成的象群中生活。一个大象群通常由几个氏族组成，而一个

图 5.4　一头正在吃食的亚洲象

氏族由一头雌象和它的幼崽以及与其相关的一些雌象组成。每个氏族都有氏族长，大象群则由其中一位年龄最长的雌性族长统一领导。为了寻找更充足的食物、水源和更舒适的生活环境，它们有时会进行大范围的迁徙，过着群居的游牧生活。象群每天的游牧出行时间、路线，觅食地点和栖息场所等都由雌性族长负责。与雌象不同，雄象一旦性成熟，便离开出生的象群，进行独居生活或与其他单身雄象一起生活。一般只有在繁殖期，成年雄象才与雌象群进行互动和信息交换。

22.2 象群优化算法

2015 年，江苏师范大学的王改革等通过对象群游牧行为的计算机模拟，提出了象群优化（elephant herding optimization，EHO）算法[52]来求解多变量的函数优化问题。假设在游牧过程中每头大象所处的位置代表函数优化问题的一个可行解，该位置的函数值代表解的适应度，于是，函数优化问题的求解过程就对应于象群在游牧过程中寻找适应度最好位置的过程。该算法所遵循的基本原则如下[52]：

1）象群由几个氏族组成，其中每个氏族都有固定数目的大象。

2）在每次迭代中，每个氏族中都有固定数目的雄象离开氏族，在象群外独自生活。

3）每个部落中的大象都由一名适应度最好的雌族长领导。

在该原则下，象群的每次迭代包括氏族更新和氏族分离两个过程。氏族更新过程如下：首先，氏族中的每个个体都从自己的当前位置向各自氏族中的族长位置靠拢；其次，族长的位置根据氏族中每个个体位置的更新进行及时更新。氏族分离过程如下：氏族中一定数量具有最低适应度的个体（雄象）将通过位置分离而离开氏族。不难发现，该算法的思想是利用自然界中大象游牧行为的特性，以象群氏族为单位，由雌族长带领其氏族内的个体进行局部开采，而离开氏族的雄象在氏族外的更大范围内执行全局勘探，通过将氏族更新的局部开采和氏族分离的全局勘探相结合来找寻优化问题的最优解。

基于上述思想，象群优化算法的基本框架[53]如算法 5.4 所示。

算法 5.4　象群优化算法

1）设置象群规模 n、氏族数量 k、每个氏族规模 m（n=k×m）和最大迭代次数等参数；

2）初始化象群，在解空间中随机放置 n 头象，并按氏族数量就近确定每个氏族的个体；

3）在每个氏族内，计算每个个体的适应度值，记录最优个体的位置；

4）象群迭代寻优的循环：

　　{① 每个氏族执行氏族更新和氏族分离过程：

　　　{氏族中的每个个体利用族长位置改变个体位置，进行位置更新：

　　　　氏族中的族长利用当前氏族内个体位置改变自身位置，进行位置更新；

　　　　对氏族中具有最低适应度的个体通过更大范围的位置变化，实现个体替换；

　　　　计算每个个体的适应度值，记录最优个体的位置；}

　　② 如果达到最大迭代次数，则退出迭代循环，否则，迭代次数加 1，继续 4）；}

5）输出迄今为止具有最好适应度的象个体位置（最优解）。

象群优化算法是新近提出的一种群智能优化算法，算法提出后立即引起研究者的广泛兴趣。目前的研究除了算法改进、派生和与其他算法的结合，象群算法已被推广应用于求解连续优化、组合优化、约束优化和多目标优化等领域，具体涉及人工

神经网络训练、支持向量回归分类器（support vector regression classifier）、时间调度（time scheduling）、图像处理、无线传感器网络、最优功率流问题（optimal power flow problem）、分布式系统（distributied system）等工程优化问题。

23

警惕敏捷的兔子（Rabbit）

从古至今，中国兔文化在传承和演化中生生不息地流传了几千年，成为中国传统文化中不可或缺的一部分。兔子体形虽小，但非常擅长短距离奔跑。于是，我国古代常以兔名马，形容马跑得快。看过名著《三国演义》的朋友可能都会记得吕布的那匹"赤兔"马。更有一些文学家将兔的速度与时间流逝相对比，留下了不少用兔的行走来形容光阴飞逝的名句，如南宋杨冠卿在《鹧鸪天》中所写的"岁月如驰乌兔飞，情怀著酒强支持"，唐代庄南杰在《伤歌行》中所写的"兔走乌飞不相见，人事依稀速如电"，唐代韦庄在《秋日早行》中所写的"行人自是心如火，兔走乌飞不觉长"等。此外，兔在中国古代，也是祥瑞文化的使者。兔的体态灵动、温顺和善、繁衍力强与长寿都为人们所赞美和称颂。在我国民间流传着许多关于兔的故事，如玉兔捣药、嫦娥和玉兔、月兔传说等，还有描写兔子的儿歌《小白兔白又白》，因为朗朗上口、形象生动、通俗易懂，而成为孩子们喜爱的经典儿歌之一。图 5.5 所示为兔舍中几只正在地上休息的长毛兔。

图 5.5　几只正在地上休息的长毛兔

23.1　兔子的觅食和躲藏行为

兔子是一种广泛分布于世界各地的陆栖哺乳类动物，野生兔子是一种群居动物，它们主要生活在荒漠、草原、树林或森林之中。尽管不同种类的兔子体形差异大，但都具有共性特征：耳朵长而大，听嗅觉敏锐，生性胆小而警觉，遇到陌生动物或异常响动，就会惊悚地跳跃和奔跑。从兔子的化石看，兔子起源可追溯到 6000 多万年前。为了生存，兔子就像世界进化史上的其他生物一样，其生活习性随着生活环境的变化而不断进化。兔子最典型的生活特征有以下 3 个：

其一，"兔子不吃窝边草"的迂回觅食原则。为了防止自己的洞穴（窝）被捕食者发现，兔子从来不吃自己洞穴周边的草。在觅食时，它们总是远离自己的洞穴去寻找食物。兔子的视野非常广，大部分兔子都能够后脚着地、直立身体进行观测，因此，它们不难发现远距离的食物。

其二，"狡兔三窟"的随机躲藏策略。兔子比较善于打洞筑巢，为了逃离捕食者或猎人的追击，兔子会在它的窝周围挖很多洞，然后在逃跑时随机选择一个洞作为躲避捕食者的避难所。

其三，觅食和躲藏的自适应切换。兔子的前腿短、后腿长，且后腿具有更发达的肌肉和肌腱。这使得兔子能够快速奔跑以在大范围内寻找食物，而且在奔跑中，兔子能够急停，并以"之"字形动作急转弯或向后跑。这种奔跑能力也是兔子生存的必要技能。因为兔子处于自然界食物链的较低层，有许多捕食者，所以兔子在很多时候都不得不通过快速奔跑以逃避捕食者的追逐。当然，快速奔跑肯定会减少兔子自身的能量。因此，为了保持良好的体能，兔子通常需要根据能量的消耗在迂回觅食和随机躲藏之间进行自适应切换。

总之，兔子采用以上生存策略来迷惑捕食者，保存足够的体能以逃脱捕食者的追踪，从而有效地增加自己的存活概率。

23.2　人工兔优化算法

受兔群上述生存策略的启发，河北工程大学的王利英等于 2022 年提出了人工兔优化（artificial rabbits optimization，ARO）算法[54]。该算法通过模拟真实兔群的迂回觅食、随机躲藏、根据能量在觅食和躲藏之间的自适应切换 3 种特征来进行优化问题的求解。类似于其他算法，该算法以兔子找到的个体位置表示待求解问题的解，用适应函数来评价解（位置）的优劣，并通过兔子的移动（觅食和躲藏）来寻找新的位置。对应于兔子的 3 个生活特征，该算法主要建立了 3 个行为策略模型[54]。

1）迂回觅食：如前所述，兔子在觅食过程中会寻找远处的食物而忽视近处的食物。它们不吃自己巢穴所在区域的草，而只吃离自己巢穴较远的、其他区域的草。假设兔群中的每只兔子都有自己的区域，区域内有一些草和自己的巢穴，兔子总是随机地访问邻近区域来进行觅食，而且，为了获得足够的食物来源，兔子在觅食过程中喜欢在食物周围乱窜。基于这些假设，ARO 算法建立的迂回觅食模型模拟了每只兔子在兔群中随机选择另一只兔子，并以其为目标来更新自己位置的行为特征。也就是说，兔群中的每个个体都会随机选择一个相邻的个体位置来搜索食物，这将导致每只兔子为了觅食要从自己的区域移动到其他兔子的区域。客观上，兔子去其他兔子巢穴附近进行觅食的特殊行为，极大地促进了 ARO 算法的大范围探索，保证了 ARO 算法的全局搜索能力。

2）随机躲藏：为了躲避捕食者，兔子通常会在巢穴周围挖一些不同的洞以方便躲藏。如前所述，兔子经常受到捕食者的追捕和攻击，为了活命，兔子需要发现一个安全的地方来进行躲避。ARO 算法中，每个兔子个体会在自己当前巢穴（位置）周围产生 d 个洞。随机躲藏策略保证每次躲藏总是从所有洞穴中随机选择一个洞穴作为避难所，以减少被捕食的概率。客观上，兔子在自己巢穴附近的随机躲藏行为，实现了小范围内的局部开采。

3）自适应切换：在迭代的初始阶段，兔子总是倾向于频繁地迂回觅食，而在迭代的后期阶段，兔子则更频繁地进行随机躲藏。这种搜索策略源于兔子的体能，兔子体能随着外出觅食时间的增加而逐渐收缩。与此对应，兔子行为从大范围的觅食切换到小范围内的躲藏。

基于上面几个步骤，人工兔优化算法求解单目标优化问题的基本框架[54-55]如算法 5.5 所示。

算法 5.5　人工兔优化算法

1）初始化参数：设置种群（兔群）规模 N、最大迭代次数等参数；

2）初始化兔群：
　　{ 在搜索空间中，随机初始化 N 只兔的位置；
　　　利用适应函数来评价每只兔个体的解质量，获得初始的最好解；}

3）兔群迭代寻优的循环：
　　{ for i=1 to N　// 兔群中每只兔寻找新的位置
　　　{ 利用公式计算体能因子 A；// 利用体能收缩策略进行切换
　　　　if A>1　then
　　　　　　{ 从兔群中随机选择其他一只兔子；
　　　　　　　利用迂回觅食策略进行移动；}
　　　　else
　　　　　　{ 产生 d 个洞穴，并随机挑选一个洞穴来躲藏；
　　　　　　　利用随机躲藏策略进行移动；}
　　　　计算更新位置的适应度值；
　　　　如果新位置的适应度值好于原来位置，则用新位置替换该个体的原位置；
　　　　通过比较，更新迄今为止的最好解；}
　　如果达到最大迭代次数，则退出迭代循环，否则，迭代次数加 1，继续 3）；}

4）输出迄今为止具有最好适应度的位置（最优解）。

通过对兔子生存策略进行的深入研究，王利英等建立了相应的数学模型，并提出了 ARO 算法。算法模拟了 3 种搜索策略：迂回觅食策略、随机躲藏策略和体能收缩策略。迂回觅食策略有利于大范围勘探（全局搜索），随机躲藏策略专门用于小范围开采（局部搜索），体能收缩策略则促进了勘探与开采的平衡。文献 [54] 的研究表明：与许多流行的群智能算法在单峰、多峰和复合函数的优化问题上的实验对比表明，ARO 算法能够更有效地确定大多数单峰、多峰和复合函数的全局最优；对一些半工程化的实际问题，如耐压容器设计、滚动轴承设计（rolling bearing design）、拉伸 / 压缩弹簧设计、悬臂梁设计（cantilever beam design）、轮系设计（gear train design）、滚动轴承故障诊断（fault diagnosis of rolling bearing）等的测试表明，ARO 算法在处理具有未知和受限搜索空间的工程任务方面具有显著的竞争力。

24

体面群居的野马（Wild Horse）

作为中国传统文化的一员，马文化源远流长，一直都在不断发展。古往今来，马在民间被赋予了诸多美好的含义。这些含义不难从一些带"马"的成语中获悉："一马当先"诠释了不畏艰难、勇往直前的做事风格；"马到成功"是人们做事前相互祝福的成语，寓意为事情顺利；"天马行空"比喻人才华横溢、思绪豪放、超凡不俗；"龙马精神"形容人具有精神饱满、奋发向上、充满活力和创造力的品质；"车水马龙"用往来车马的连续不断描绘了热闹繁华的情景；"老马识途"比喻有阅历的人富有经验，对事情熟悉，能起到引导作用；"青梅竹马"则指从小在一起亲密玩耍，相互陪伴长大、知根知底的青年男女。在草原上，马文化的底蕴更为深厚，且独具魅力。我们以蒙古族的传统乐器马头琴为例，它分别用马头、马尾、马鬃来作雕饰、琴弦、弓弦，演奏起来的音乐声音浑厚，音色优美，让人能够领略草原之美并为之陶醉。马是人类最忠实的朋友，马的品德也一直被人们所传颂。关于马的诗词也非常多，比如，唐代诗人李峤的《马》、杜甫的《病马》、翁绶的《白马》、杨师道和韩琮分别作《咏马》、喻凫的《浴马》、元稹的《塞马》、霍总的《骢马》以及现代诗人臧克家的《老马》等，都对马的特征、品质进行了表述。

与人类相伴的马通常都是从野马驯化而来的。在古代，无论是在生活中还是在战争中，马主要用于人的骑乘或驾车载物，它们是人类代步或拉车的主要工具。现如今，在农村，马作为一种家畜仍然能够帮助人们运载物品；在游牧区，马肉和马乳是特色食品；在城市，马主要用于人类的体育及娱乐活动，如马术比赛、马术表演、速度赛马等。从上可见，被驯化后的马所提供的服务都比较具体而单一。那么，驯化前的野马又具有哪些行为特征呢？

24.1 野马的游牧行为

野马，是指在大自然中野生游牧的马。它们喜欢群居，主要栖息在草原、丘陵和沙漠的多水草地带。野马的群居分为有领地群居和无领地群居两类，这两种群居类型的社会组织在领导等级、支配地位、分组、结合、放牧、交配行为等方面都存在着许多差异。一个无领地群居的野马群常常是由一匹雄性马和一二十匹雌性马、小马驹构成的稳定家庭群体，它们在一起过着游牧式的生活。有时，也有一些单身野马群体，只有一些成年雄马和幼年马。通常，群体中的雄马会陪伴在雌马群附近，方便在需要时进行相互交流。在群居期间，雌雄交配也随时可能发生。群体中刚出生的小马驹比较贪睡，大部分时间都在睡觉。但是，小马驹在出生后的第一周就能够吃草了，一般随着年龄的增长，吃草的时间会越来越长，同时，睡觉的时间则会逐渐缩短。在青春期之前，小马驹会离开它们出生的家庭群。雄马驹加入单独的马群中继续发育、成长，直到能够进行交配，而雌马驹则加入其他家庭群体中。这种分离客观地防止了将来野马父亲与女儿或者野马兄弟姐妹之间可能发生的交配，保证了野马群居生活的体面。

人们对无领地野马群的支配和领导能力进行了许多深入研究，发现以下两点。①野马群间存在地位的差异。假设旱季来临，当野马群生活的一片草原只有一个水坑时，多个野马子群间的支配关系可表现为：如果地位最高的野马子群想使用水坑，那么它们随时可以使用，而地位低的野马子群想要使用水坑，则需要等待比自己地位高的野马子群都使用完后才能够使用，这种等待有时需要几个小时。②野马群内的等级差异。对于自由放养的无领地野马群，该群的首领是一匹能够决定野马群运动速度和游牧方向的野马。一个野马群通常又包含多个家庭群，一个家庭群的首领是家庭群中最具支配力的雄性马，雌马也会按其支配力从高到低的顺序跟随在雄性马周围，小马驹则紧随其各自的母马。图 5.6 所示为夏威夷野马栖息地一群正在休息的野马。

图 5.6　一群正在休息的野马

24.2　野马优化算法

受野马群居游牧中社会行为的启发，伊朗学者 Naruei 等于 2022 年提出了野马优化（wild horse optimizer，WHO）算法 [56]。该算法通过模拟真实野马群的放牧、追逐、支配、领导和交配等生活行为来进行优化问题的求解。类似于其他算法，该算法以野马个体找到的位置表示待求解问题的解，用适应函数来评价解（位置）的优劣，并通过野马不同的生命活动来寻找新的位置。野马优化算法遵循如下 5 个步骤 [56]。

1）创建一个初始种群：形成马的多个家庭群并分别选择首领。通常，一个初始种群会根据家庭群数量划分为几个不同的家庭群，先为每个家庭群确定其首领（雄性公马），然后将种群中剩余的野马平均分配到每个家庭群。初始时，每个家庭群的首领被随机选定，在后面的过程中，按照适应函数的值选取每个家庭群中的最优个体来进行更新。

2）野马的放牧：每个家庭群中的首领（雄性马）通常是该放牧区域的中心，而家庭群内其他成员（雌马和小马驹）则在中心周围进行搜索（放牧），所以野马放牧行为的位置更新公式是以雄性马为中心进行的。

3）野马的交配：马有一个与其他动物有别的独特行为，即它们在生长过程中会将自己生的小马驹适时地从自己的家庭群中分离出来，并让它们加入别的家庭群以进行异群个体的交配和后代的繁衍。通常，小马驹在进入青春期之前就会离开自己出生的家庭群，加入另一个家庭群，直至性成熟后在新家庭中找到性伴侣。这种分离有效地防止了父女或者兄弟姐妹之间发生交配的可能，既维护了野马的体面，也保证了种群繁衍、进化的质量。我们假设，一匹雄性小马驹 a 离开了自己出生的家庭群 G(i)，加入另一个家庭群 G(t)；一匹雌性小马驹 b 也离开了自己出生的家庭群 G(j)，加入同样的家庭群 G(t)。因为这两只小马驹与 G(t) 家庭群内其他成员没有家庭关系，所以它们在青春期后就能够进行任意的组合和交配。一旦交配成功，它们繁殖的孩子也必将离开家庭群 G(t) 并加入另一个家庭群 G(k)。这种离开、交配和繁殖的循环在所有不同的家庭群中重复进行，共同体面地完成了野马群的进化和繁衍。

4）首领的领导和竞争：虽然野马的主要食物是野草，且野马也比较耐渴，但是野马一般 2～3 天就需要喝足一次水。因此，在一个家庭群中，首领的一项任务就是要定期带领家庭群中的野马到有水坑的地方饮水。如果有几个家庭群的野马同时都想使用同一个水坑，那么不同家庭群的首领之间就会先展开竞争，最终获得支配权的首领将带领它的家庭群优先使用水坑，而其他家庭群的野马或者选择离开，或者只能等到有支配权的野马群离开后才有机会使用该水坑。

5）首领的更新和选择：为了保证算法的随机本质，初始时随机为各家庭群选择首领。在运行阶段，首领的选择按照野马所处位置的适应函数值来确定。如果家庭群内一匹野马的适应函数值好于首领的适应函数值，则首领与该野马的位置要进行互换以保证首领的领导地位。

基于上面几个步骤，野马优化算法求解单目标优化问题的基本框架 [56] 如算法 5.6 所示。

算法 5.6　野马优化算法

1）初始化参数：设置马群规模 N、最大迭代次数、交配比例 PC、雄马比例 PS 等；

2）初始化野马群：

　　{ 在搜索空间中，随机初始化 N 匹马的位置；

　　　利用适应函数来评价每匹马个体的解质量；

　　　通过比较获得 G 个最好解，将它们所对应的 G 匹马作为 G 个家庭群的首领；

　　　将剩余的 N-G 匹马平均分配到每个家庭群中构成初始的 G 个家庭群；}

3）野马群迭代寻优的循环：

　　{ for i=1 to G　　// 野马群中的每个家庭群逐个寻优

　　　　for j=1 to NG　// 每个野马家庭群的个体进行寻优

　　　　　{ 利用随机函数 rang(0,1) 在 0 ～ 1 之间产生一个随机数 r；

　　　　　　if r > PC then

　　　　　　　{ 按照野马 j 的放牧行为进行位置移动；}

　　　　　　else

　　　　　　　{ 按照野马 j 与雄马 i 的交配行为进行位置移动；}

　　　　　　计算野马 j 新位置的适应度值；

　　　　　　根据首领的竞争规则，确定不同家庭群首领的支配权，并更新其位置；

　　　　　　利用适应函数来评价当前家庭群首领位置的解质量；

　　　　　　从当前家庭群内选择野马最好的位置，比较并更新首领的位置；}

　　　通过比较，保留并更新迄今为止的最好解；

　　　如果达到最大迭代次数，则退出迭代循环，否则，迭代次数加 1，继续 3）；}

4）输出迄今为止具有最好适应度的位置（最优解）。

　　从野马优化算法过程不难发现，WHO 算法具有如下主要特点[56]：

　　1）对解空间的探索是通过首领的随机选择、迭代更新以及家庭群内跟随马驹在首领周边的随机运动来保证的。

　　2）由于野马从小会离开自己出生的家庭群而进入其他家庭群，长大后会与所在群内的异性马进行交配，因此获得局部最优解的概率增大。不过，算法是一种基于种群的算法，每匹马和每个维度的随机运动增强了种群中解的多样性，因此能够逃离局部最优，获得全局最优解。

　　3）在每代优化过程中，首领都被更新到适应度最佳的马匹位置，因此，算法不仅保留解空间中比较理想的区域，而且首领总是带领自己家庭群的成员到解空间中的理想区域内进行搜寻。

　　4）野马优化算法需要调整的参数较少，且是一种无梯度优化算法，它将问题视为一个黑盒，因此，方便应用于各类问题的求解。

　　基于上述特点，WHO 算法目前已在许多经典的函数测试问题中展现了非常好的性能，并在一些工程实际问题求解中获得了成功应用。不过，由于算法提出不久，很多深入研究和应用仍在进行之中。

25

食量惊人的北极熊（Polar Bear）

在中国北方，熊的寓意是强大和力量，也象征勇气和能量，我国的一些少数民族将熊视为吉祥之物。从古至今，我国民间也流传着一些关于熊的诗词、传说和故事。近年来，以熊为主角，在我国广为流传的影视作品可能要数动画系列片《熊出没》了，该片通过讲述森林主人熊大、熊二兄弟为了保护森林，与采伐树木、破坏森林的小老板——光头强之间发生的一幕幕有趣的故事，颂扬了熊对森林的热爱和敢于担负责任的精神。

熊的种类不是很多，有 8～9 种，在我国境内生长栖息的熊主要有大熊猫、黑熊、大棕熊等。

1）大熊猫以吃竹子为生，是中国特有的熊科动物，其主要分布在我国的四川、陕西、甘肃等山区。大熊猫体形庞大，丰腴富态，头圆尾短，有独特的黑白皮毛，是世界级珍宝。由于大熊猫已在地球上生存了至少 800 万年，故也被誉为"活化石"和"中国国宝"。图 5.7 所示为我国成都大熊猫繁育研究基地中几只憨态可掬的大熊猫。

2）我国境内的黑熊属于亚洲黑熊，又称狗熊，主要生活在东北地区的森林地带。黑熊身体粗壮，不仅会游泳，能爬树，而且也能长时间直立。黑熊是一种杂食动物，主要食物包括水果、蜂巢、昆虫、无脊椎动物、小型脊椎动物和腐肉。黑熊生活比较规律，通常白天躲在洞中休息，夜间出行，偶尔也会侵入农庄捕食家畜。图 5.8 所示为动物园中一只正在找食的黑熊。

3）大棕熊多为棕褐色或棕黄色，体形比黑熊还要大，它们的肩背隆起，身后长有一条短尾。在我国，大棕熊主要分布在新疆、青藏高原和东北山林等地。大棕熊也是一种杂食性动物，主要食用草料、谷物、坚果、水果、树叶和树根等植物性食物，偶尔也会摄食昆虫、有蹄类动物、鱼和腐肉等动物性食物。尽管大棕熊体形庞大，但奔跑起来灵敏、快速。图 5.9 所示为动物园中在洞口晒太阳的大棕熊。

无论是哪种熊，由于它们都生活在远离人类居住地、比较僻静的自然环境中，如果我们想看清楚它们的真容，也许只有去动物园才能实现。

图 5.7　几只憨态可掬的大熊猫

图 5.8　一只正在找食的黑熊

图 5.9　在洞口晒太阳的大棕熊

25.1　北极熊的捕食

　　北极熊是一种生活在北极圈附近冰冷地区的熊科动物，它们的身体大而粗壮，是北极圈附近最大的食肉动物。通过多年进化，北极熊的身体特点已经非常适应北极永冻圈的寒冷环境。例如，为了便于在冰天雪地中隐身，北极熊浑身披着白色的皮毛，所以北极熊也称为白熊；为了在低温下保暖，北极熊的皮毛厚实，毛孔小，能够有效抵御寒冷的侵袭；为了能及时补充能量、延续生命，北极熊以生活环境中的动物和鱼类为食，食物包括海豹、兔子、鱼和鲸鱼的尸体；为了在冰原上寻找食物或捕猎，北极熊长着嗅觉非常敏锐的大鼻子，能够在雪地中嗅探出猎物的气味；为了便于在雪地里追赶猎物，北极熊长着长而有力的爪子，能够帮助它在积雪中快速行走；为了能够在水中捕鱼，北极熊的大鼻子能够保证它在水下游泳时持续呼吸，而北极熊的长爪子则方便它在冰冻的海洋中游泳。这些身体特点融于一体，形成了让北极熊能够在恶劣的北极气候中生存下来的看家本领——在冰天雪地里进行捕食和存活的能力。图 5.10 所示为海洋馆中一只正在嚎叫的北极熊。

　　每年的 3～5 月为北极熊的活跃期，它们会辗转奔波于浮冰区进行捕猎和觅食，过着水陆两栖的生活。虽然北极熊最喜欢吃的动物是海豹，但它们也不排斥吃鱼类和其他触手可及的动物，比如，兔子和鲸的尸体。成年的北极熊食量相当大，一顿要吃掉 50～70 千克的生肉，所以它需要经常外出捕猎。为了获得足够的食物，北极熊一般会从它的栖息地出发去寻找可能的海豹群落。有时，为了能够找到海豹，北极熊可能必须不断穿越北极的海洋和陆地。当然，北极熊因有上述身体特征，即使是在冰冷的海面上，它们也能拥有快速的进攻速度和灵活的移动方式。为了寻觅远处的食物，北极熊会跳上浮冰，利用漂浮的浮冰到达遥远的地方。当北极熊发现海豹时，它们会组织同伴小心翼翼地从多个方向靠近海豹，然后包围海豹群，最后伺机寻找最佳的攻击位置和对象。在寒冷的冬季，北极熊的外出活动会大为减少，此时它们的日常活动主要以卧地休息为主，所以，北极熊也可以长时间不进食。

图 5.10　一只正在嚎叫的北极熊

25.2　北极熊优化算法

受北极熊寻找食物和捕猎移动行为的启发，波兰学者 Połap 和 Woźniak 于 2017 年提出了北极熊优化（polar bear optimization，PBO）算法[57]。该算法将北极熊的捕食行为建模为一种搜索引擎来求解优化问题，该引擎不仅包括局部和全局搜索，而且还利用一种动态的出生和死亡机制来控制种群的规模。类似于一些优化算法，该算法以北极熊个体位置的编码表示待求解问题的解，用适应函数来评价解（位置）的优劣，并通过北极熊的不同行为方式来寻找新的解（位置）。PBO 算法主要包括如下几个过程[57]。

1）利用浮冰进行全局勘探：如果一只饥饿的北极熊在它所处的位置附近找不到食物，那么它就会挑选并跳上一块足够大且能在很长一段时间内承载其体重的浮冰，随着浮冰漂流到可能有海豹栖息的远方。每次漂流可能会持续几天，其间北极熊也会在沿途周围的陆地和水域寻找食物。假设种群中的每只北极熊个体都是为了捕食，它们利用浮冰的移动一起朝着种群中的最佳位置移动。这种移动模型代表了在搜索范围内的全局勘探。在每次迭代过程中，每只北极熊都按该模型进行统一的移动，但只有在找到更好的位置（离食物更近）时才会改变自己的位置。一旦种群中的某只个体靠近了海豹的栖息地，那么它的位置将成为当前种群中的最佳位置，种群中的其他个体将全部向其靠拢，以希望对目标进行进一步搜索。

2）围猎海豹时的局部开采：在捕猎过程中，北极熊为了发现潜在的猎物，在北极地区缓慢地漫游，仔细观察陆地和海水中的情况。如果发现猎物，北极熊会悄悄地靠近，并寻找最佳攻击位置。当近到有把握进行攻击或感觉已被猎物发现时，它会尽可能快地发起攻击并抓住猎物。尽管海豹通常喜欢待在冰上，但当它们感到危险时，也会跳进水里进行躲避。一旦发生这种情况，猎食的北极熊也会毫不犹豫地跟着海豹跳入水中。游泳和潜水是北极熊最擅长的技能，也是它们成为北极地区最大掠食者的资本。北极熊在水下移动的速度非常快，一旦靠近海豹，它会用牙齿刺入海豹的身体，然后把海豹从水里拉出来，放在浮冰表面上吃掉。PBO 算法将北极熊个体从当前位置开始进行局部开采的运动轨迹建模为三叶方程式，利用个体的视野半径、位置角度等参数确定向前或向后的运动方向和距离，从而实现局部位置的移动。

3）由繁殖和饿死引起的种群规模动态控制机制：PBO 算法在初始进化时，先产生 75% 的种群个体，剩余的 25% 种群个体则由迭代进化过程中个体的繁殖增长、饥饿消减机制来进行动态控制。在北极熊的生长过程中，有些个体会因北极天气和环境影响找不到食物而死亡，也有许多个体在成功狩猎后成长起来，并繁殖后代。PBO 算法利用一个随机生成数，在进化中引入了这种种群规模动态控制的随机机制。在每代种群中，部分优质个体可以通过繁殖产生新增的种群个体，同时部分劣质个体因死亡而从种群中消除。

图 5.11 给出了北极熊觅食的两种搜索方式示意图，图 5.11（a）所示为在较大范围进行的全局勘探，图 5.11（b）所示为围绕目标群进行的局部开采。

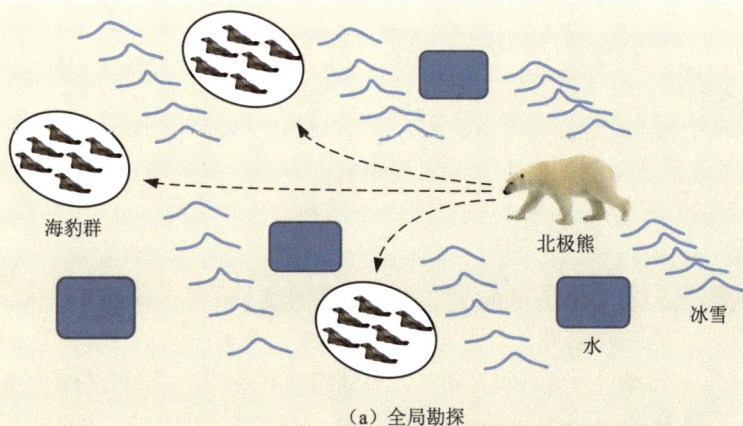

（a）全局勘探

图 5.11 北极熊觅食的搜索方式示意图

（b）局部开采

图 5.11（续）

基于上面描述的相关过程，北极熊优化算法求解单目标函数优化问题的基本框架[57]如算法 5.7 所示。

算法 5.7　北极熊优化算法

1）初始化参数：设置北极熊种群规模 N、视野的最大距离、最大迭代次数 T 等参数；

2）初始化北极熊种群：

　　{ 在 D 维搜索空间中，随机初始化 75%N 只北极熊的位置，得到初始种群 pop；

　　　利用适应函数来评价每只北极熊个体的解质量；

　　　按个体适应函数的大小，从大到小排列 pop，并记录全局最优解的位置；}

3）北极熊种群迭代寻优的循环：

　　{ for i=1 to 75%N　　　　　　　　//局部开采

　　　{ 为个体的每一维随机确定角度；

　　　　计算个体移动半径和能够移动到的新位置；

　　　　如果新位置的适应函数值更好，则北极熊个体移动到新位置；}

　　　按个体适应函数的大小，从大到小排列种群，并更新全局最优解的位置；

　　　从当前种群 pop 的前 10% 中随机选择一只个体；

　　　依全局移动公式计算到达的新位置；　　　// 全局勘探

　　　如果新位置的适应函数值更好，则北极熊个体移动到新位置；

　　　按个体适应函数的大小，从大到小排列种群，并更新全局最优解的位置；

　　　利用随机函数在 (0,1) 之间产生一个随机数 M；

　　　如果 M>0.75

　　　　则 { 从当前种群 pop 的前 10% 中随机选择一个非最优的个体；

　　　　　　通过与全局最优解进行交配繁殖，得到一只新个体加入种群 pop 中；

　　　　　　计算新个体的适应函数，更新当前种群的排序和全局最优解的位置；}

　　　否则 如果 |pop|>50%N 且 M<0.25

则去除当前种群 pop 中最差的一只个体；

如果达到最大迭代次数 T，则退出迭代循环，否则，迭代次数加 1，继续 3）；}

4）输出迄今为止具有最好适应度的解的位置（最优解）。

北极熊优化算法将北极熊捕猎行为模拟为最优解的全局勘探和局部开采，并利用出生和死亡机制控制种群的大小。与其他群智能优化算法最大的不同是，在进化过程中种群的规模不固定。目前，PBO 算法不仅在函数优化问题中获得了较好的性能，而且也成功扩展到一些应用领域，如耐压容器设计、齿轮传动（gear train）、焊接梁设计、压缩弹簧设计（compression spring design）等问题的求解。

26

会发笑声的斑点鬣狗（Spotted Hyena）

　　狗，常被看作是忠诚、勇敢、富贵和吉祥的象征，在中国传统文化中，有着举足轻重的地位。在与人类相伴的数万年里，狗与人类早已成为患难与共的朋友，它们对主人的忠诚也一直被世人所传颂。因为勇敢，狗不仅是古时猎户狩猎的好帮手，而且也是古代军事战役中军队里必不可少的成员。作为中国十二生肖之一，狗在绘画、窗花、雕像、陶瓷中活泼可爱的形象，不仅蕴含了忠诚和守卫之意，也表达了吉祥和祝福之愿。

　　在现代人的生活中，狗同样发挥着非常重要的作用。例如，在辽阔大草原的农牧场，农场主至今仍然会养一些负责农场牲畜安全的牧羊犬，以避免牛、羊、马等家畜的走失，并保护家畜免受熊或狼等野兽的侵袭。在大城市，很多喜欢狗的家庭会养宠物狗，早晚遛狗成为狗主人缓解压力、放松心态的一项日常活动。在人行道或公交车上，有时我们也会看到一条导盲犬正领着盲人行走或乘车，有导盲犬的牵引和陪伴，盲人的日常生活便利了许多。在一些刑事案件的侦破过程中，警察会使用一些经过特训的警犬帮助他们进行鉴别、追踪、搜捕、搜毒、搜爆等工作。由于有警犬的参与，一些案件的侦破明显容易了许多。可见，从古至今，狗一直是人类的好助手，与人有着难以割舍的亲密关系。

26.1　斑点鬣狗的群居和捕猎

　　鬣（liè）狗是一种外形像狗但又比狗体形大的食肉动物。它们头短而圆，牙齿发达，是唯一能够嚼食骨头的哺乳动物。鬣狗主要生活在非洲和亚洲的稀树草原、草原、亚热带沙漠和森林中，喜欢群居，通常集体猎食瞪羚、斑马、角马等大中型食草动物。野生鬣狗的寿命一般是 10 ～ 12 年，而豢养鬣狗的寿命可达 25 年。目前现存的鬣狗有4 种，分别是斑点鬣狗、条纹鬣狗、棕色鬣狗和土狼。尽管不同类型的鬣狗在体形、行为和饮食类型上都有所不同，但它们都有像熊一样的共性特征，即前腿长，后腿短。

　　斑点鬣狗是熟练的猎手，是 4 种鬣狗中体形最大的。之所以叫它们斑点鬣狗，是因为它们的皮毛上有红棕色、黑色混杂的斑点。斑点鬣狗也被称为笑鬣狗，因为它的叫声与人类的笑声非常相似。斑点鬣狗是一种高度群居的、有头脑的聪明动物。它们也因喜欢竭力、无休止地争夺地盘和食物而臭名昭著。斑点鬣狗的家族属于母系社会体系，雌性成员在社会生活中占据着统治地位，且一直生活在自己的部落。雄性成员一般成年后会离开部落去寻找并加入另一个新的部落。雄性鬣狗刚加入一个新部落时，家族地位最低，也是获得食物份额最少的成员。当斑点鬣狗发现新的猎食对象时，它们会发出类似于人类笑声的声音来招揽同伴，进行捕猎信息的相互交流。图 5.12 所示为一只警觉观望的斑点鬣狗。

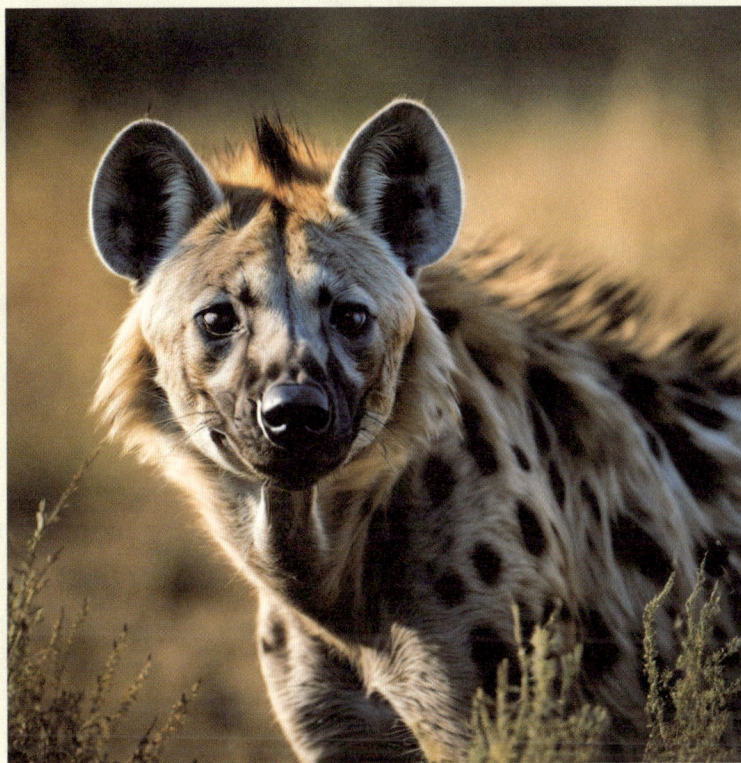

图 5.12　一只警觉观望的斑点鬣狗

斑点鬣狗一般以群居、群猎的部落为生活单元，一个大部落可容纳几十只鬣狗，而小部落可能只有十几只鬣狗。无论部落大小，每个部落的首领一般都是一个体格健壮的雌性鬣狗。在每个部落中，鬣狗的社会组织等级森严，该组织实质上是由相互信任的朋友组成的一个社会关系网络。为了扩大它们的社会网络，斑点鬣狗也常会利用朋友、亲属关系来邀请一些熟悉的同类加入自己的社会网络。在斑点鬣狗的群居生活中，它们不仅可以通过特殊的叫声、姿势和信号来进行信息交流，而且可以使用多种感官系统来识别亲友和其他个体。其中，令人惊讶的是，它们甚至能够识别出同伴的远亲并对其家族成员之间的关系进行梳理，以便在社会生活的决策中使用这些知识。斑点鬣狗的感觉器官十分敏锐，它们主要通过视觉、听觉和嗅觉来追踪猎物。如图 5.13 所示，4 只斑点鬣狗组成的捕猎团队正在围困一头瞪羚。

斑点鬣狗的捕猎团队

被围困的猎物

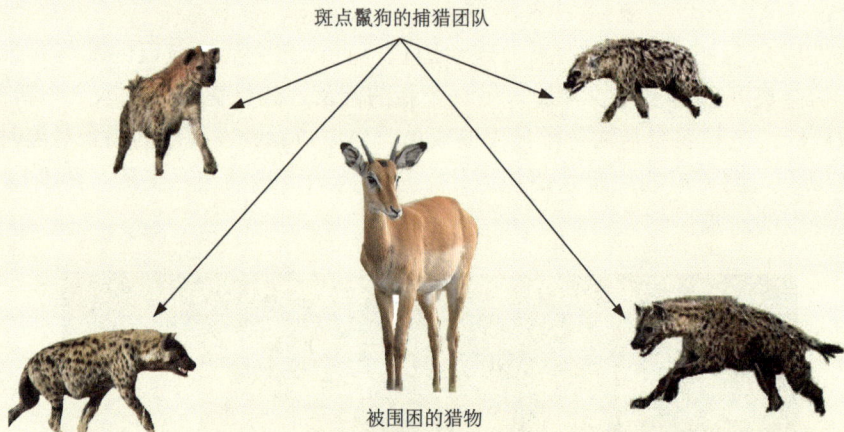

图 5.13　斑点鬣狗捕猎团队的围捕示意图

26.2　斑点鬣狗优化算法

受斑点鬣狗捕猎行为的启发，印度学者 Dhiman 和 Kumar 于 2017 年提出了斑点鬣狗优化（spotted hyena optimizer，SHO）算法[58]。该算法利用斑点鬣狗群居的社会关系，通过对个体间协作捕食行为的建模来实现对优化问题的求解。类似于一些优化算法，该算法以斑点鬣狗个体位置的编码表示待求解问题的解，用适应函数来评价解（位置）的优劣，并通过斑点鬣狗搜寻、包围和攻击等不同行为方式来寻找新的解（位置）。算法主要包括如下几个过程[58]。

1）包围机制：四处游荡觅食的斑点鬣狗，当发现猎物后，首先会尽快熟悉猎物位置周边情况，然后再实施包围。算法将目标猎物或与其最接近的个体位置看作是当前最好的候选解，而其他个体将参照当前最好的候选解来更新自己的位置。以猎物为中心，斑点鬣狗个体随机更新自己的位置，实现对猎物的包围。

2）狩猎机制：斑点鬣狗采取群居狩猎方式，它们依靠信任朋友组成的关系网络来识别猎物位置。算法假设最优的鬣狗个体知道猎物的位置，其他鬣狗个体通过及时保存迄今为止获得的最佳解来更新自己的位置，与最优的鬣狗个体组成一个具有一定数量的最优解簇。

3）攻击机制：当离猎物较近时（即收敛因子 $|E|<1$），种群中的每个斑点鬣狗个体开始攻击猎物，实现局部开采。

4）搜索机制：斑点鬣狗主要根据最优解簇中的个体来寻找猎物。当离猎物较远时（即收敛因子 $|E|>1$），它们彼此远离，各自寻找自己视野内的猎物，该过程模拟了全局勘探。

基于上面描述的相关机制，斑点鬣狗优化算法求解单目标函数优化问题的基本框架[58] 如算法 5.8 所示。

算法 5.8　斑点鬣狗优化算法

1）初始化参数：设置斑点鬣狗种群规模 n、最大迭代次数 T 及其他参数；

2）初始化斑点鬣狗种群：

　　{ 在 D 维解空间中，随机初始化 n 只斑点鬣狗的位置，得到初始种群；

　　利用适应函数来计算每条斑点鬣狗个体的适应度值；

　　记录当前的全局最优解 P_h；

　　依 P_h 形成一定数量的狩猎最优解簇 C_h；}

3）斑点鬣狗种群迭代寻优的循环：

　　{ for i=1 to n

　　{ 按当前的全局最优解更新个体位置，实施包围；

　　依设计模型计算收敛因子 E；

　　如果 |E|<1，依狩猎最优解簇信息来更新个体的位置，实施攻击（局部）；

　　如果 |E|>1，个体远离当前最优解，实施搜索（全局）；

　　检查个体的位置是否超出变量的值域范围，若超出，进行修正；

　　利用适应函数来计算每只斑点鬣狗个体的适应度值；

　　如果有比先前最优解更好的解，则更新 P_h；

　　更新狩猎最优解簇 C_h；}

　　如果达到最大迭代次数 T，则退出迭代循环，否则，迭代次数加 1，继续 3）；}

4）输出迄今为止具有最好适应度的解（位置）（最优解）。

斑点鬣狗优化算法通过模拟斑点鬣狗在群落中的社会等级和捕猎行为，实现了优化问题的求解。算法不仅在函数优化问题中获得了较好的性能，而且也成功扩展到一些应用领域，如焊接梁设计、拉伸 / 压缩弹簧设计、耐压容器设计、减速器设计、滚动轴承设计、荷载结构位移（displacement of loaded structure）等问题的求解。

27

擅用超声波的蝙蝠（Bat）

蝙蝠，在中国传统文化中尽管偶有差评，但大多数时候仍以吉祥物的形象出现。因为"蝠"与"福"是谐音，"蝙蝠"与"遍福"也是谐音，所以蝙蝠曾一度成为中国古代"福"文化的化身。例如，红色的蝙蝠，寓意为"洪福"；蝙蝠倒悬，寓意为"福倒（到）"；5 只蝙蝠，寓意为"五福"；蝙蝠与鹿共现，寓意为"福禄"；蝙蝠与桂花同框，寓意为"富贵"；蝙蝠与寿星、寿桃同镜，寓意为"福寿"。正因为如此，在我国古代的绘画、建筑装饰、陶瓷、雕塑、工艺美术品上屡屡出现蝙蝠的形象。据说，仅在北京恭亲王府中装饰的蝙蝠图案就达 9999 个，因此，恭亲王府也被称为"万蝠（福）之地"。

近年来，随着现代医学的进步和发展，研究者逐渐发现蝙蝠是诸多病毒的携带者，这些病毒包含我们所熟知的 SARS、狂犬病、埃博拉、亨德拉、新型冠状等 4000 多种。于是，蝙蝠似乎成为一系列疾病发生的源头，在人们心目中变成"臭名昭著"的邪恶物。其实，只要我们远离蝙蝠，不去接触它，就不容易被它寄生的病毒所感染。而且，从生物圈的演化和发展看，蝙蝠的存在对人类的发展也是有益的。例如，一只飞行的蝙蝠能在一小时内捕获近 1000 只蚊子，能极大地减少疟原虫等病毒的传播；蝙蝠可以帮助农作物授粉、传播种子，是农民提高产量的好帮手。此外，人类通过模仿蝙蝠的回声定位系统发明了雷达、B 超，极大地促进了人类在航空、交通、通信、农业、医学等领域的发展。那么，蝙蝠都有哪些生理特征，它的回声定位系统又是如何工作的呢？

27.1 蝙蝠的捕食行为与原理

蝙蝠是自然界中唯一能振翅飞翔的哺乳动物。其身体通常呈灰黑色，长相像老鼠，小脑袋上挂着两只大大的耳朵，黑色的小眼睛，全身黑油油的、不长羽毛，只有细细的小绒毛。它的翅膀实际上是从前肢、后肢，一直延伸到尾巴的一层薄皮膜。尽管蝙蝠其貌不扬，但擅长在黑暗中轻盈、敏捷地飞行，故有黑色精灵之称。通常，大多数蝙蝠是以蚊蝇等昆虫为食，但也有个别的以水果为食的巨型蝙蝠。图 5.14 所示为倒挂在粗绳上的一只褐色毛里求斯巨型蝙蝠。下面如无特殊说明，专指以昆虫为食的普通蝙蝠。

图 5.14　一只倒挂的巨型蝙蝠

在蝙蝠的一生中，活动时间比不活动时间要少得多。在夏天，蝙蝠一般整个白天和一部分夜间时间都在睡眠。在冬天，蝙蝠则会进行长时期的冬眠。蝙蝠体温的变动幅度很大，最大温差可达 56℃。蝙蝠喜欢成群结队地聚集在一起进行飞行活动，有着复杂的社会生活习性。在蝙蝠诸多生活习性中，最出名的当属夜行本领。蝙蝠可在黑暗中快速判断前方是否有障碍物，并根据飞行昆虫的轨迹，频繁变换飞行方向，最终成功捕食飞虫。那么，蝙蝠是如何成为"夜行侠"的呢？

生物学家研究发现：尽管蝙蝠有眼睛和视力，但在飞行中蝙蝠并不依靠眼睛识路，而是主要利用耳朵和发音器官来进行导航的。具体来说，与长期进行夜间飞行捕食的生活相适应，蝙蝠生理机能已发生了重要的演化：蝙蝠的视觉在逐渐退化，而听觉则变得异常发达，且拥有一种超常的回声定位能力。在十分昏暗的黑夜中，蝙蝠能够自由飞翔、准确捕食，就是因为它们能够利用声波发射、回声接收的声呐系统来实现回声定位。蝙蝠在搜索猎物时，会从喉腔每秒发出大约一二十个高响度的超声波脉冲。一旦搜索到猎物，在向猎物靠近的过程中，响度会逐渐减小而脉冲频度逐渐增加。通常，高响度的脉冲是为了能探索更远的距离，而高频度的脉冲则是为了能精确辨识猎物的空间位置。脉冲波遇到食物或障碍物时就会反射回来，蝙蝠的耳朵能够快速接收反射回来的波。通过探测所发出的超声波与接收到的回波的时间延迟、回波到达双耳的时间差以及回波响度的变化，蝙蝠能够确定猎物的距离，识别猎物的大小及其所在的方位和角度。图 5.15 所示为蝙蝠捕食原理示意图，喉腔发出超声波脉冲来探测食物，耳朵接收食物反射的回声波来感知食物信息，这就是蝙蝠能够进行准确捕食的生物学机理。

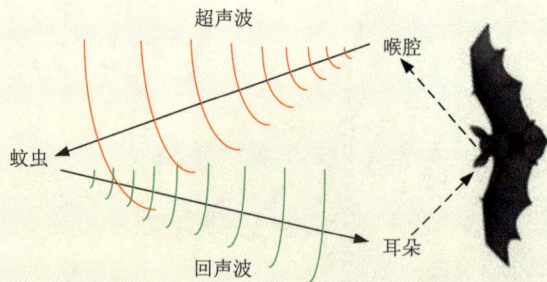

图 5.15　蝙蝠捕食原理示意图

27.2　蝙蝠算法

2010 年，英国剑桥大学杨新社教授利用计算机模拟上述蝙蝠捕食的生物学机理，提出了一种求解函数优化问题的蝙蝠算法（bat algorithm，BA）[59]。算法将蝙蝠个体位置映射为候选解空间中的解，将优化过程模拟成蝙蝠个体捕食猎物的搜寻过程，利用脉冲频率 f_i、脉冲频度 r_i、脉冲响度 A_i 来调控移动操作，并用求解问题的目标函数来衡量蝙蝠个体所处位置的优劣。其主要思想是：蝙蝠在初始搜索时，发射的脉冲响度大而频度较低，随着自身与猎物距离的缩小，蝙蝠会增大脉冲发射频度并减小脉冲响度以便于精确定位猎物的空间位置。主要步骤如下 [59]：首先将蝙蝠种群随机放置在候选解空间中，令每只蝙蝠个体拥有不同的脉冲频率 f_i，每只个体根据各自的脉冲频率来更新自己的飞行速度和位置；然后，利用均匀分布随机函数生成一个随机数 $rand_1$，若 $rand_1 > r_i(t)$（第 t 次迭代第 i 只蝙蝠的脉冲频度），则蝙蝠 i 在当前种群中的最优位置周围移动并产生新解，进行最优解的局部开采；否则蝙蝠 i 在自己位置的周围移动并产生新解，进行解的全局勘探；最后，再利用均匀分布随机函数生成一个随机数 $rand_2$，若 $rand_2 < A_i(t)$（第 t 代第 i 只蝙蝠的脉冲响度）且更新之后的位置更优，则接受新解并利用计算公式分别减小响度、增大脉冲频度。当迭代次数 t 趋于无穷时，脉冲响度会越来越小，逐渐趋于 0，而脉冲频度会逐渐增大，最终趋于最大脉冲频度。重复上述过程，直至满足某种收敛准则时算法获得全局最优解。

蝙蝠算法的基本框架如算法 5.9 所示 [60]。

算法 5.9　蝙蝠算法

1）设置种群规模 n、最大响度、最大脉冲频度、最小频率、最大频率、最大迭代次数、响度衰减系数、脉冲频度增强系数等参数；

2）随机初始化蝙蝠种群
　　{ 在 D 维解空间中，随机初始化 n 只蝙蝠的位置、速度，得到初始种群；
　　利用目标函数来计算每只蝙蝠个体的适应度值；
　　依目标函数值确定最优个体位置；}

3）蝙蝠种群迭代寻优的循环：
　　{ for i=1 to n
　　　{ ① 依飞行速度和位置公式来调整蝙蝠个体的频率并创建新解：
　　　　{ 若 $rand_1$ 大于个体脉冲频度，则执行局部开采，否则，执行全局勘探；}
　　　　② 计算蝙蝠所处位置的目标函数值，并判断是否接收新解和更新：
　　　　{ 若 $rand_2$ 小于个体响度且目标值逐代变好，则接收新解并更新频度、响度；} }
　　　③ 所有蝙蝠个体按照目标值排序，并找到本次迭代种群中最优个体的位置；
　　　④ 如果满足算法终止条件，退出迭代循环，否则，迭代次数加 1，继续 3); }

4）输出迄今为止具有最高目标值的最优个体的位置（最优解）。

由于该算法具有模型简单、易于实现、搜索效率高等特点，因此，算法自提出之后便获得了众多学者的广泛关注。2014 年，Mirjalili 等将其扩展为能够求解离散问题的蝙蝠算法[61]。此后，对该算法的进一步改进和拓展应用的学术成果层出不穷。近年来，BA 已经成功应用于图像分类（image classification）、病理检测（pathological test）、无线传感器网络、自主移动机器人（autonomous mobile robots）、粒子滤波优化（particle filter optimization）、经济调度（economic dispatch）、蛋白质相互作用网络中功能模块检测（functional module detection in protein protein interaction networks）、功率流优化（power flow optimization）等工程优化问题中。

28

聪明仗义的鲸（Whale）

　　鲸，从古至今都是人们喜爱和敬畏的对象。鲸经常在古代的神话传说和现代的文学作品中扮演着重要角色，并被赋予一些特殊的寓意。首先，鲸常被看作是力量和勇气的象征。它们不仅在一些古代神话中被描绘为拥有力量和勇气的神灵，而且在现代文学作品中也常被演绎为勇敢无畏的英雄。在《白鲸记》中，白鲸莫比·狄克在凶猛的外表下展现了巨大的力量和勇气；在《海洋奇缘》中，鲸莫妮卡既善良又勇敢，是富有探索精神、敢于追寻梦想的英雄。其次，鲸也是智慧和神秘能力的代表，它们常被拥戴为海洋中最具超凡智慧的动物。科幻片《星际旅行4：抢救未来》中的座头鲸，能够用自己的智慧预测未来，拯救地球；纪录片《鲸的智慧》则较全面地诠释了鲸所具有的智力和情感。

　　2017年9月，曾发生了一起真实的鲸救人事件。海洋生物学家Nan Hauser博士在海里拍摄纪录片时，有只鲨鱼一直潜伏在她身边，但她自己浑然不知。就在危难即将发生之际，一头温顺的鲸突然冲出水面，将Nan Hauser博士撞入水中，并在她惊慌失措中将她领向船边。当她游到船边时，鲸直接用头将她顶出水面，让她爬上了船板。之后，鲸才放心地拍拍水面离开。鲸为什么会救人？有人说是为了维护自己的地盘安全，也有人说是在与人玩耍，救人纯属偶然。但从海上历史记载看，鲸救人事件绝非个例，于是，有人经过研究，给出了新的解释：其一，鲸视力退化，可能会误把人类当成自己的幼仔，出于照顾的天性，会把落水的"幼仔"托举出水面，让它用肺呼吸以免在海里溺死；其二，鲸是海洋中聪明而仗义的大侠，其智商可识别出需要救援的生物，并本能地用自己的力量做出见义勇为的行为来体现自我的价值。那么，除了上述这些特性，鲸还有哪些有趣的行为呢？

28.1　鲸的捕食行为

　　鲸被认为是世界上最大型的哺乳动物。其实，鲸的个头差异很大，小型的体长只有1.8米左右，重量也就2000千克，但大型的体长可以达到30米以上，重量高达180吨。无论个头大小，鲸体形均呈流线型，适于游泳，且大部分生活在海洋中。因鲸用肺呼吸，需经常浮出水面换气，所以，人们有时会在海面上看到它。鲸可大致分为两大类：一类是须鲸，没有牙齿；一类是齿鲸，有锋利的牙齿。更进一步细分，鲸可分为蓝鲸、座头鲸、虎鲸、白鲸等种类。图 5.16 所示为海洋馆内一头正在自己嬉戏玩耍的白鲸。有趣的是，鲸常被称为不睡觉的捕食者，但事实上，鲸有一半的大脑专用于睡觉，所以鲸每天都会睡觉。

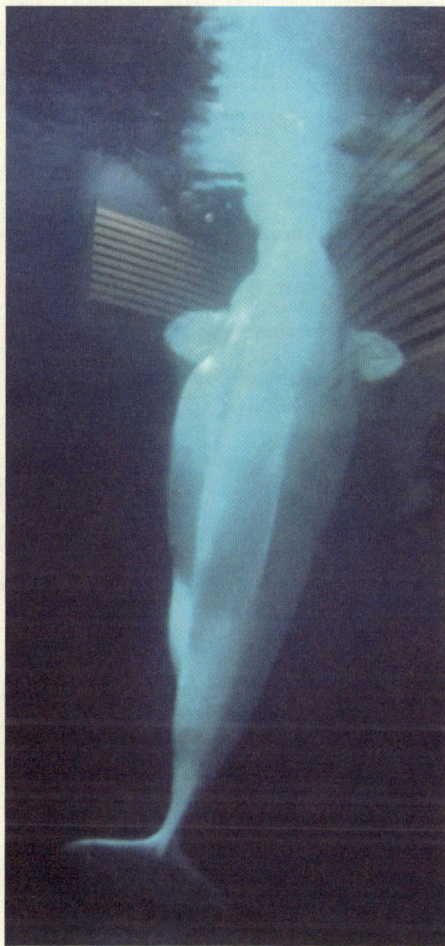

图 5.16　一头在水中嬉戏玩耍的白鲸

　　许多人认为，鲸是具有情感的高智商动物。原因是什么呢？生物学家的研究表明，鲸大脑的某些部位有与人类相似的梭形细胞，而这些梭形细胞本来是人类特有的专用于负责判断、情绪和社会行为的细胞。一头鲸的这些细胞居然是一个成年人的 2 倍，这应该是鲸具有高智商的主要原因。一些事实也证明，鲸的确可以进行思考、学习、判断、交流，甚至可以像人一样出现情绪化，但显然它们的聪明程度还是要比人低很多。尽管如此，有些鲸（如虎鲸）还是能够像人一样发展自己的方言。

　　鲸的社会行为也非常有趣，有些鲸喜欢独居，有些鲸喜欢群居，但被人观察到的鲸大多是成群的。像虎鲸这样的鲸通常一生都会生活在一个家庭中。座头鲸是最大型的须鲸之一，一头成年座头鲸的大小几乎和一辆校车一样大。尽管座头鲸自身的个头比较大，但是它们最喜欢的猎物是磷虾和小鱼群。通常，座头鲸喜欢在靠近水面的地方捕食成群的磷虾或小鱼。座头鲸捕食鱼虾的方法比较特殊，采用发泡网捕食法[62]。如图 5.17 所示，这种捕食是通过沿着圆形或 "9" 形路径产生独特的气泡来完成的。生物学家通过在海下使用一些传感器来观察 9 只座头鲸所进行的 300 个发泡网捕食事件，发现发泡网捕食是座头鲸具有的独特捕食方式，具体捕食方式可概述如下：首先几只座头鲸组成的鲸群围绕要捕食的鱼群边绕圈边吐出气泡，用气泡将鱼群困在圈中；然后，继续边绕圈边吐出气泡，并逐渐缩小圈的范围；最后，当鱼群聚集的圈足够小时，鲸群从水底向上冲出，并张开大口将鱼群吞进口中。

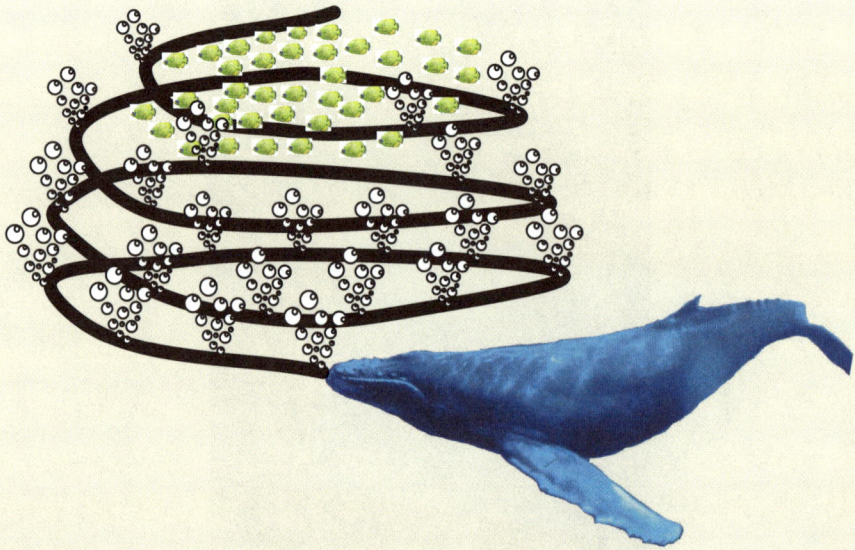

图 5.17　鲸发泡网捕食行为示意图

28.2　鲸优化算法

受座头鲸发泡网捕食的行为启发，澳大利亚学者 Mirjalili 等于 2016 年提出了鲸优化算法（whale optimization algorithm，WOA）[62]。该算法用鲸个体表示待求解问题的解，用适应函数来评价解（位置）的优劣。鲸个体可以在候选解空间内进行游动，鲸的每个游动位置代表一个可行解。一群鲸个体通过不断迭代地更新自己的位置来搜索适应函数值最佳的位置，以找到最佳解。该算法描述的捕食行为主要包括：包围猎物、发泡网攻击、搜索捕食 3 个过程[62]。

1）包围猎物：座头鲸能识别猎物的位置并包围它们。初始时，由于在解空间中的最优位置是未知的，WOA 将目标猎物或迄今为止鲸种群中离猎物较近的鲸个体（适应函数值最佳的）假设为当前最优候选解。在每次迭代中，种群中每只鲸以最优候选解为目标在其周围游动并逐代更新自己的位置，实现对猎物的包围。

2）发泡网攻击：座头鲸使用发泡网策略攻击猎物，该过程又包含收缩包围和螺旋式更新位置两个子过程。其中，收缩包围与包围猎物使用的模拟模型相同，只是通过调整参数使搜索范围更为紧密地围绕在鲸最优位置周围。螺旋式更新位置是指种群中每只鲸个体以螺旋方式向鲸最优位置游动。在发泡网攻击过程中，座头鲸一边围绕最优位置缩小搜索范围，一边沿着螺旋形的路径向最优位置游动。在算法中，这两个子过程以50%的概率交替进行。

3）搜索捕食：在包围猎物和收缩包围过程中，鲸都是以最优候选解为目标在其周围游动并逐代更新自己位置的。在搜索捕食过程中，每只鲸从鲸种群中随机选择一只鲸个体靠近，从而能够实现更大范围的探索。

基于上述过程，鲸优化算法求解单目标优化问题的基本框架[63]如算法5.10所示。

算法5.10　鲸优化算法

1）设置种群规模 n、最大迭代次数等参数；

2）随机初始化鲸种群：

　　{ 在解空间中随机放置 n 只鲸，依其位置计算鲸个体的适应函数值；

　　　确定当前最佳的鲸个体位置；}

3）鲸种群迭代寻优的循环：

　　{ for i=1 to n　// 对于种群中每只鲸个体进行优化

　　　{ 利用公式计算位置更新中使用的 A、C 等参数向量；

　　　　生成一个随机数 p ∈ [0,1]；

　　　　如果 p ⩾ 0.5，那么鲸个体进行螺旋式位置的更新；// 实施发泡网攻击

　　　　　否则，如果 |A|<1，那么鲸个体按最优个体位置进行更新；// 实施包围猎物

　　　　　如果 |A| ⩾ 1，那么鲸个体按任一个体位置进行更新；// 实施搜索捕食

　　　　　依其位置计算鲸个体的适应函数值；

　　　　　更新当前最佳的鲸个体位置；}

　　　如果达到最大迭代次数，则退出迭代循环，否则，迭代次数加 1，继续 3）；}

4）输出迄今为止具有最好适应度的鲸位置（最优解）。

从算法可见，WOA 从一组随机解开始进行优化。在每次迭代中，每只鲸或者根据随机选择的鲸个体或者根据到目前为止获得的最佳鲸个体来更新自己的位置。其中，依随机选择的鲸个体更新位置的搜索捕食过程实施的是全局勘探，具有探索解空间中任意新位置的能力；依最佳鲸个体更新位置的包围猎物过程实施的是局部开采，具有利用已有搜索信息优化当前搜索方向的能力。由于 WOA 在种群的迭代搜索中自适应地融合了全局勘探与局部开采过程，所以，我们可以将它视为一种全局优化算法。近几年，人们对 WOA 进行了许多深入的研究，比如，一些研究提出了求解二进制、模糊、多目标等问题的鲸优化派生算法；一些研究通过引入混沌、Levy 飞行、基于竞争者的学习等机制提出了改进算法；还有些学者通过 WOA 与一些元启发算法（粒子群优化、灰狼优化、模拟退火等）的结合，利用混合自然启发的方法改善了现有算法的性能。与此同时，通过形式化要求解的问题、定义合适的变量和目标函数、设计合适的操作算子、

设置合理的参数、编码鲸个体等具体步骤的实现，WOA 已被有效地应用于很多领域以解决实际工程优化问题，所涉及的领域包括电气工程（electrical engineering）、土木工程（civil engineering）、分类、聚类、图像处理、机械工程（mechanical engineering）、控制工程（control engineering）、机器人路径（robot path）、网络（networks）、工业工程（industrial engineering）、任务调度等。

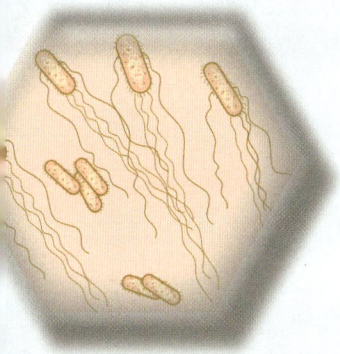
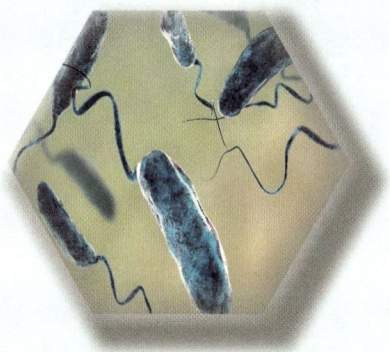

六、微生物篇

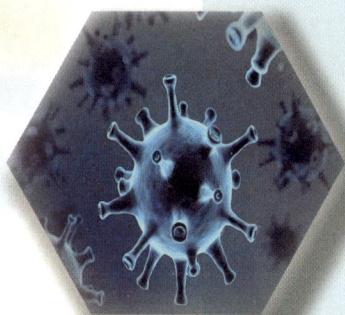
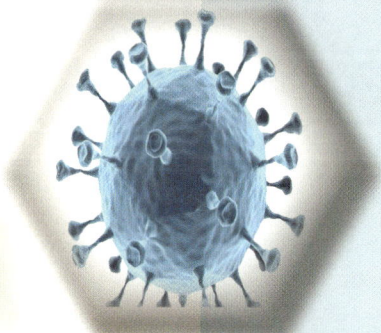
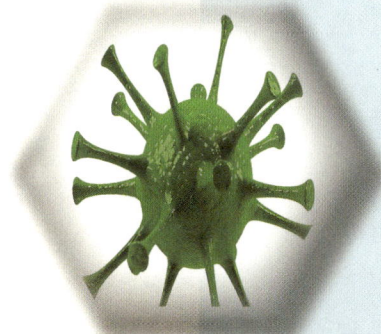

29

结构简单的细菌（Bacteria）

细菌，是一类广泛存在的微生物。细菌的形状比较多样化，主要有球状、杆状和螺旋状。不过，细菌的体形非常小，一般为 0.5 ～ 5 微米，最小的只有 0.2 微米长，因此，在大多时候，人们只有依赖显微镜才能看到它们。细菌是一种单细胞生物，它结构简单，没有细胞核、细胞骨架以及膜性细胞器，一般仅由细胞膜、细胞质、核质体等部分构成。当然，也有一些细菌还具有荚膜、鞭毛、菌毛等特殊结构。细菌的数量、种类非常多，广泛分布于大自然的土壤、水以及一些动植物机体上。无疑，在我们人类身上，也生活着相当多的共生细菌。有研究表明，一个人体内外所黏附细菌细胞的总数通常是人体自身组成细胞总数的 10 倍。

对于人类来说，有些细菌是有益的，有些细菌却是有害的。一方面，一些细菌能够帮助人体产生免疫抗体或者促进人体新陈代谢。例如，有益菌可以分泌一些抗原物质，降低胆固醇的合成；乳酸杆菌能够促进钙、维生素的吸收，刺激机体产生免疫抗体，增强人体免疫力；部分肠道菌群能够调节肠道功能，促进消化和新陈代谢过程。另一方面，不少细菌能够引发人体的多种疾病。例如，一些细菌会使食物变质，人食用后会导致消化道疾病；破伤风梭菌经伤口侵入人体后，会引发肌痉挛的破伤风；结核分枝杆菌感染肺部后会导致肺结核。可见，细菌与人类是一种共生关系，一些细菌是人类的朋友，另一些则是人类的敌人。

29.1　大肠埃希菌的觅食原理

大肠埃希菌，俗称大肠杆菌，是动物肠道中的一种正常寄居菌。它的两端呈钝圆形，是一种如图 6.1 所示的短杆菌。大肠埃希菌的周身遍布着纤毛和鞭毛。纤毛是一种能够运动的凸起，主要作用是为细菌传递信息。鞭毛是一种长在细菌上细长而弯曲的附属丝状物，主要作用是帮助细菌进行移动。大肠内的溶液环境给大肠埃希菌提供了丰富的食物，借助于纤毛和鞭毛的作用，大肠埃希菌会主动避开环境中的有害物质，而移动到对自己生长有利的环境中进行觅食。一些大肠埃希菌在获得足够的食物后，一旦生存环境适宜就会进行自我复制（繁殖），而那些没有获取足够食物的大肠埃希菌则会随着时间的推移而消亡。这种繁殖方式也体现了大自然优胜劣汰的生物进化机理。此外，伴随生存环境的一些突然变化，如温度上升、积水过大等，大肠埃希菌会被迫进行迁徙，离开当前环境去寻找新的生存环境。

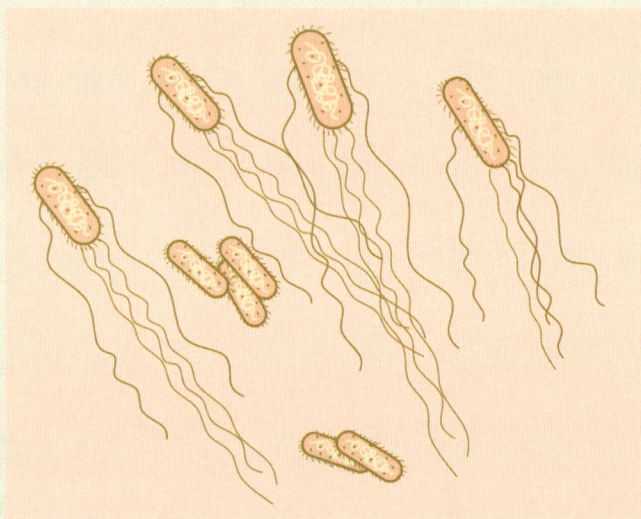

图 6.1　大肠埃希菌的外形示意图

大肠埃希菌还有一个更让人感兴趣的生物特征，即它们具有群体感应机制，菌群内的个体之间能够进行信息交流。生物学的研究表明，大肠埃希菌会散发一种被称作"自我诱导物"的分子化学信号来实现菌群内个体间的通信。该信号可细分为引诱和排斥两种。依此信号，大肠埃希菌可以判断自身周围的菌群密度，并采取合适的行动。假设在一个环境中聚集了一些大肠埃希菌，如果每个大肠埃希菌都散发出引诱信号，那么，当自我诱导物浓度达到某下界阈值时，周边的大肠埃希菌会被诱导物所吸引，游动到该环境，从而使环境中的菌群越来越密集。该过程持续一段时间后，当自我诱导物浓度增加到某上界阈值时，该环境中的大肠埃希菌会出现过于密集的情况，即它们已经无法都获得足够的食物了，此时，该环境中的大肠埃希菌会释放排斥信号，以告诉周边的大肠埃希菌不必再来聚集。这是大肠埃希菌在觅食过程中演化出的一种自我调节机制，该机制能够保证大肠埃希菌实现高效的觅食。

29.2　菌群优化算法

通过模拟大肠埃希菌（细菌）在觅食过程中体现出的上述机制，美国学者 Passino 于 2002 年提出了菌群优化（bacterium foraging optimization，BFO）算法[64]。该算法通过对细菌个体间协作捕食行为的建模来实现对优化问题的求解。类似于一些优化算法，该算法以细菌个体位置的编码表示待求解问题的解，用适应函数来评价解（位置）的优劣，并通过细菌的趋向、聚集、繁殖和迁徙 4 个生物机制来实现解位置的搜索。以求解单目标优化函数为例，算法设计的 4 个机制如下[64-65]。

1）趋向机制：大肠埃希菌在觅食过程中有两种基本操作，翻转和游动。具体来说，确定觅食新方向的行为称为翻转，沿着同一方向继续前进的行为称为游动。在觅食过程中，细菌会首先执行一次翻转操作以产生一个随机移动方向，并沿着该方向前进一步。然后细菌进行移动前后食物营养丰富程度的比较。如果移动后食物营养更加丰富，则细菌会继续沿该方向游动，直到食物营养变得匮乏或者已经在同一方向上移动了足够长的距离；否则，细菌会通过再执行一次翻转操作产生一个新的随机方向，并沿新方向重复上述的觅食过程。趋向机制是菌群优化算法最基本的操作，翻转操作控制着寻优的方向，游动操作决定着在某方向上进行搜索的深度。

2）聚集机制：细菌个体在移动过程中通常会同时释放引诱信号和排斥信号。引诱信号吸引其他细菌个体不断靠近自己，排斥信号则保证其他细菌个体不能无限制地靠近自己而要保持一定距离。聚集机制使每个个体与其他个体都发生了联系，起到了信息沟通、相互交流的作用。

3）繁殖机制：细菌吸收大量营养后，会逐渐长大、变长。在环境合适的条件下，营养充足的细菌个体会发生无性繁殖，即每个个体分裂为两个完全相同的子个体。与此同时，营养长期匮乏的细菌个体会消亡。该机制起到了优胜劣汰的作用，有助于提高 BFO 算法的收敛速度。

4）迁徙机制：当菌群生存环境发生剧烈变化时，一些个体为寻找更适合自己的生活环境，可能会游动到新环境中去寻找更多的营养源，这个过程称为迁徙。该机制能够保证在解空间内不断产生新的搜索点，使细菌个体有机会进入一个新区域继续搜索全局最优解，因此有助于 BFO 算法逃离局部最优解。

基于上面描述的几个机制，菌群优化算法求解单目标函数优化问题的基本框架 [65] 如算法 6.1 所示。

算法 6.1　菌群优化算法

1）初始化参数：
　　设置菌群规模 n、最大迁徙次数 Ned、繁殖次数 Nre、趋向次数 Nc 等参数；
2）初始化菌群种群：
　　{ 在 D 维搜索空间中，随机初始化 n 个细菌的位置，得到初始种群；
　　　利用适应函数来计算每个细菌个体的适应度值；
　　　按适应度值从高到低排序，记录当前的全局最优解；}
3）for l=1 to Ned　　　　　　　　　　　　　　// 迁徙的循环
4）　{ for k=1 to Nre　　　　　　　　　　　　// 繁殖的循环
5）　　{ for j=1 to Nc　　　　　　　　　　　　// 趋向的循环
　　　　　{ for i=1 to n　　　　　　　　　　　// 菌群优化过程
　　　　　　{ 使用聚集机制更新适应函数公式；　　// 执行聚集操作
　　　　　　　按趋向机制进行细菌个体的翻转、游动；　// 执行趋向操作
　　　　　　　计算细菌个体的适应度值，并通过比较更新当前的全局最优解；}
　　　　　如果达到最大趋向次数 Nc，则退出趋向循环，否则，j=j+1，继续 5）；}
　　　　按适应度值从高到低排列菌群；　　　　　　// 执行繁殖操作

前 50% 较健康的每个细菌分裂为两个相同的子细菌，后 50% 的细菌被淘汰；

如果达到最大繁殖次数 Nre，则退出繁殖循环，否则，k=k+1，继续 4）；}

判断每个细菌是否进行迁徙，若是，则进行迁徙；   // 执行迁徙操作；

如果达到最大迁徙次数 Ned，则退出迁徙循环，否则，l=l+1，继续 3）；}

6）输出迄今为止具有最好适应度的解（位置）（最优解）。

从上可见，BFO 算法将每个细菌个体看作优化问题的一个可行解，菌群通过嵌套循环执行趋向（包含聚集机制）、繁殖和迁徙过程来完成个体解的优化。在优化过程中，BFO 算法利用趋向机制和迁徙机制的交替来维护可行解勘探和开采的平衡。经过 20 多年的发展，BFO 算法在理论研究、实际应用上都有许多进步，目前已推广应用于多目标优化、故障诊断、参数优化（parameter optimization）、路径规划、图像增强（image enhancement）、贝叶斯网络结构学习（structural learning for Bayesian network）和蛋白质相互作用网络功能模块检测（functional module detection in protein-protein interaction networks）等问题的求解。

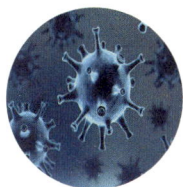

30

无处不在的病毒（Virus）

病毒是世界上最小的一种病原微生物。由于病毒没有细胞结构，基本上就是由蛋白质包裹的 DNA 或 RNA，因此病毒自己既不能完成新陈代谢，也不能进行自我繁殖，必须依靠在宿主活细胞内寄生才能得以生存。尽管如此，只要有宿主物种存在的地方就会有病毒，而由于宿主物种遍布全球，所以地球上的病毒可谓无处不在。也就是说，无论是森林、海洋，还是冰川、沙漠，甚至火山上都有病毒的存在。当然，自然界中比较常见的众多动物、植物，更是许多病毒的理想宿主。以人体为例，人体的肠道、口腔、肺部、皮肤，甚至血液中都生活着各种各样的病毒。可以说，在每一时刻，都会有大量的病毒在我们体内、体外穿梭不息。

病毒的种类非常多，多数病毒具有极强的传染性和致病性。古往今来，由病毒诱发的传染病已经导致数百万的动物、植物和人的死亡。在日常生活中，我们经常听到的病毒性感染、病毒性感冒，就是由病毒引起的上呼吸道感染和感冒。近年来，波及全球的两次大范围的疫情，让我们人类深刻地体会到病毒的危害。一次是 2002～2003 年发生的非典型肺炎的冠状病毒"SARS"，另一次是 2019～2023 年发生的新型冠状病毒"COVID-19"，它们在给人类身体健康带来巨大伤害的同时，也严重影响了人们的正常工作和生活。尽管我们从"SARS"和"COVID-19"两次疫情中感受最深的是病毒对人类的极大伤害。但是，就像细菌一样，病毒在与人共存的数万年中，所起的作用也并不全是负面的。大多数病毒在与人类共生的过程中，对于人类基因的进化甚至起着积极的促进作用。人类基因组的研究表明，人类基因组里存在着成千上万的病毒基因，它们的频繁变异、侵入与人类自身基因的进化一起维持着人类生命的发展和延续。

30.1 病毒的扩散和传播

病毒是一种非常小的、只能寄生在其他生物体内活细胞中的传染性病原体。因为病毒携带遗传物质，通过自然选择并利用寄生细胞的核苷酸、氨基酸进行繁殖和进化，所以一些研究人员把它们看作一种新的生命形式。在生命进化史中，病毒的起源比较模糊，但其生长过程比较清晰。当病毒入侵人体时，它们会进入细胞的生活环境。为了存活和繁殖，病毒必须通过扩散和感染行为使自己依附在宿主细胞上才能得以生存、复制和繁殖。同时，宿主的免疫系统一方面会识别病毒、产生抗体并尝试对抗和消灭病毒；另一方面也会激活一系列反应，并通过细胞的进化行为来适应病毒入侵的环境变化。免疫系统在大多数情况下会通过自身能力清除入侵的病毒。但是，有些病毒比较狡猾，它们能够通过隐藏、变异、抑制等行为来阻止免疫系统的识别和清除，从而长期潜伏在免疫系统无法到达的组织内。在这种情况下，为了发现和清除这些潜伏的病毒，人体就需要通过接种疫苗来生成新抗体以对抗这些狡猾的病毒。概括地说，病毒在细胞环境内的生长过程如图 6.2 所示，主要包括两个过程：病毒扩散和宿主感染。与此同时，宿主细胞的进化和免疫系统的免疫反应也会伴随这两个过程而发生[66]。

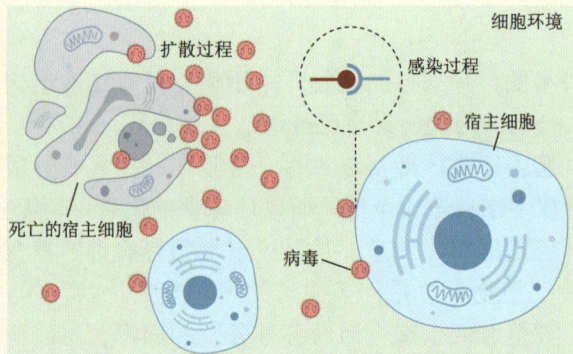

图 6.2　病毒在细胞环境内的生长过程示意图

病毒扩散：为了吸收必要的营养来生长，病毒会随机地搜索宿主细胞，找到后进行依附和侵入，这个过程称为扩散。扩散速度取决于两个方面：一是病毒的亲和力、复制和变异能力，二是宿主细胞的免疫力。如果某病毒较容易与细胞结合，有较强的复制和变异能力，且宿主的免疫力较弱，那么该病毒就较容易在宿主体内进行扩散和传播。

宿主感染：宿主细胞被病毒侵入后会受到病毒的感染，细胞结构和功能会遭到病毒的破坏，最终导致宿主细胞的死亡。与此同时，病毒基于宿主细胞的基本要素，可以存活并自我繁殖。换句话说，伴随病毒的繁殖和宿主细胞的消亡，宿主的感染可以看作是细胞变异为病毒的过程。

免疫反应：由于宿主的免疫系统能够在保护宿主细胞免受感染或破坏方面发挥重要作用，因此侵入细胞的病毒在生长过程中将被有选择性地保留。即有更强适应能力的病毒将被保留下来以生成下一代，而其余的病毒将被宿主的免疫系统杀死。这也意味着缺乏适应能力的病毒被消灭的概率更大。

30.2　病毒种群搜索算法

通过模拟上述病毒的扩散、细胞的感染和免疫反应过程，我国学者李牧东等于 2016 年提出了病毒种群搜索（virus colony search，VCS）算法[66]。该算法通过利用病毒种群、细胞种群的进化和对抗来实现对优化问题的求解。类似于一些优化算法，该算法以病毒个体位置的编码表示待求解问题的解,用适应函数来评价解（位置）的优劣,并通过病毒扩散、细胞感染和免疫反应 3 种策略 [66] 来实现对解（位置）的搜索。主要策略描述如下。

病毒扩散策略：一般来说，病毒存在于某些特定的介质中，如空气、水或某些生物体的循环系统中。病毒在找到要寄生的宿主细胞之前，最主要的活动就是在介质中进行随机游走。为了建模该行为，在扩散过程中的每个病毒都会产生一个新的随机个体。由于高斯随机游走具有全局搜索能力，所以该策略采用以最优解为参照的高斯随机游走模型来进行病毒的扩散以提升搜索的勘探能力。

宿主细胞感染策略：一旦宿主细胞被感染，它就会被病毒入侵和破坏，直到死亡。事实上，感染过程可解释为病毒与宿主细胞之间进行物质交互的过程。一方面，宿主细胞给病毒提供必要的生存营养，另一方面，病毒产生能够导致细胞逐渐死亡的有害代谢物。最终结果就是宿主细胞变异为一个新的病毒。该策略通过一个病毒感染一个细胞实现了信息的交换并改进种群的开采能力。

免疫反应策略：根据宿主细胞免疫系统的影响，较好的病毒更有可能将自己保留到下一代，然而，不好的病毒想存活必须想办法进化自己，以防被免疫系统杀死。该策略用适应函数来评价病毒个体的解优劣，对不同质量的个体采取不同的进化方式。高质量的个体保持不变（直接保留），低质量的个体进行随机移动。

基于上面描述的几个策略，病毒种群搜索算法求解单目标函数优化问题的基本框架 [66] 如算法 6.2 所示。

算法 6.2　病毒种群搜索算法

1）初始化参数：设置病毒（宿主）群规模 n、最大迭代次数 T、最佳个体数量 λ
　　等参数；

2）初始化病毒种群：
　　{ 在 D 维解空间中，随机初始化 n 个病毒的位置，得到初始病毒种群；
　　　利用适应函数来计算每个病毒个体的适应度值；
　　　按适应度值从高到低排序 , 记录当前的全局最优解；}

3）病毒种群迭代寻优的循环：
　　{ for i=1 to n　　　　　// 病毒扩散策略
　　　{ 以当前的全局最优解为中心点，利用高斯随机游走模型对病毒个体进行扩散；
　　　　检查病毒个体是否出变量的值域边界，若已越界，则进行修正；
　　　　利用适应函数来计算每个新病毒个体的适应度值；
　　　　比较新旧病毒个体的适应函数值，若有提升，则进行个体更新；}
　　　for i=1 to n　　　　　　// 细胞感染策略
　　　{ 利用本次迭代的加权均值，通过随机变异操作产生病毒对应的宿主细胞个体；
　　　　检查细胞个体是否出变量的值域边界，若已越界，则进行修正；
　　　　利用适应函数来计算每个宿主细胞个体的适应度值；
　　　　比较病毒与对应细胞个体的适应函数值，若细胞更优，则对病毒进行更新；}

从当代病毒种群中选择 λ 个最优个体，计算下次迭代的加权均值；

for i=1 to n　　　　　// 免疫反应策略

{ 按适应函数值计算病毒个体的质量等级；

按免疫反应策略，对个体进行逐维进化，高等级的保留，低等级的进化；

检查病毒个体是否出变量的值域边界，若已越界，则进行修正；

利用适应函数来计算每个新病毒个体的适应度值；

比较新旧病毒个体的适应函数值，若有提升，则进行个体更新；}

如果有比先前最优解更好的解，则更新全局最优解；

如果达到最大迭代次数 T，则退出迭代循环，否则，迭代次数加 1，继续 3)；}

4) 输出迄今为止具有最好适应度的解（位置）（最优解）。

通常，病毒入侵有机体后，会发生 3 种情况：①病毒横行、肆虐，杀死有机体；②有机体产生抗体，通过与病毒的激烈斗争，杀死病毒；③病毒与宿主细胞进行斗争后，协同进化，共同生存。VCS 算法是近年来提出的一种新型群智能算法，目前已用于耐压容器设计、拉伸 / 压缩弹簧设计、焊接梁设计、分布式发电机的最佳布局（optimal placement of distributed generators）等问题的求解。

七、植 物 篇

31

美丽绽放的花（Flower）

　　花是大自然的精灵，是季节的使者。3 月，迎春花、报春花、桃花、连翘花、玉兰花等五颜六色的花竞相开放，迎接春天的到来。5 月，亭亭玉立的莲花、芳香馥郁的栀子花、娇羞艳丽的蔷薇花、小巧玲珑的茉莉花等缤纷争艳，为炎热的夏日送来绚丽风景。9 月，婀娜多姿的菊花、淡雅飘香的桂花、风情万种的木芙蓉等竞相开放，呼唤着秋天的丰收。12 月，清秀幽雅的梅花、娇羞欲语的山茶花、杏眼桃腮的仙客来等绽放着身姿，为寒冷的冬日带来阵阵清新。

　　从古至今，中国的花文化源远流长。姹紫嫣红、千姿百态的花，不仅深受绘画、书法、文学、园林等专业人士的青睐，经常成就他们借花明志、以花传情的文化精品，而且也是广大人民群众点缀家居、美化环境的重要饰品，能够辅助人们营造愉悦放松、美满幸福的生活氛围。在我国，不同的花有不同的隐喻和花语。例如，牡丹花美丽、豪放、高贵而典雅，象征着繁荣昌盛、富丽堂皇、国色天香；傲雪凌霜的梅花，能在寒冬中成长，故有高洁、清雅、坚韧、不屈不挠之意，常被国人称为冬季最美的花；有花中君子之称的兰花，寓意品质高雅、友谊深厚、热爱国家、忠于爱情；出淤泥而不染的莲花，象征洁身自好、不同流合污的高尚品德；有延年益寿功效的菊花，则有富贵安康、情操高尚的寓意。

　　近年来，随着我国生态文明建设的积极推进和群众环保意识的日益增强，漫山遍野盛开的鲜花形成了许多有特色的花海。例如，在中国薰衣草之都的新疆霍城，两万多亩紫色的花朵构成梦幻迷人的薰衣草花海；在广州番禺百万葵园，数十种向日葵争奇斗艳，形成独具特色的向日葵花海；在北京延庆四季花海，玫瑰、百合、马蹄莲、万寿菊等铺展成万亩花田，缤纷的色彩相互融合，犹如一幅美丽多彩的画卷。除花海之外，因花期和所处地域不同，不同的花也形成了许多著名的赏花景点。以北京为例，3 月可以到玉渊潭公园赏"樱花八景"，4 月可以到八达岭望长城内外杏花烂漫，5 月可以到景山公园看各色牡丹争奇斗艳，6 月可以到北海公园观亭亭玉立的荷花含苞待放……一花一世界，百花百景生。图 7.1 所示为作者办公室正在盛开的杜鹃花。形形色色的花能够给人类带来许多自然美景。那么，花的用途仅仅是美化环境、成就美景吗？显然，答案是否定的。花对自然界更大的贡献是促进植物的繁殖和生命的延续。

图 7.1　办公室盛开的杜鹃花

31.1　花的授粉与繁殖机理

在自然界中，约有 80% 的植物物种是开花物种，开花植物的数量超过了 25 万种。虽然从白垩纪时期开始，开花植物是如何主宰地球的问题迄今为止仍然在一定程度上是个谜。但是，开花植物已经进化了 1.25 亿年，而且花在植物进化过程中发挥的巨大作用是非常清楚的。如果植物世界没有花，我们无法想象自然界将会是什么样子。从自身发展的角度看，植物开花的主要目的是通过授粉进行繁殖。花是有花植物的繁殖器官，通过授粉使雄性精细胞与雌性卵细胞相结合、受精并产生植物的种子。花通常可分为单性花和双性花，单性花在不同的花朵中分别包含雄性或雌性生殖器官（雄蕊或雌蕊），而双性花则在同一朵花中同时包含这两种器官。花开之后，雄蕊的花药会慢慢成熟，当熟到一定程度后花药会破裂并散出大量花粉配子。人们把花粉配子向雌蕊的柱头转移并使其雌性配子受精的过程，称为花授粉过程。花的授粉一般要借助于花粉的传递，而花粉传递通常又会涉及昆虫、鸟类、蝙蝠等传粉媒介。事实上，一些花和昆虫已经共同进化成一种非常特殊的传粉者伙伴关系，也就是说，有些花只能吸引并且仅依赖某一种特定的昆虫才能成功授粉。例如，向日葵、油菜花、莲花都比较依赖蜜蜂进行授粉，蓝色鸢尾花需要蝴蝶传播花粉，月季需要飞蛾传播花粉才能开花。

花粉传递方式主要可以分为两种：生物传粉和非生物传粉[67]。大约 90% 的开花植物都属于生物传粉，即花粉通过传粉者（昆虫和动物）来进行传递。仅有 10% 的传粉采用不需要任何生物的非生物传粉形式，风和雨水的扩散能够帮助这些开花植物进行传粉，自然界中大量的草本植物采用的就是这种非生物传粉形式。生物传粉者，有时也被称为花粉载体，在自然界中非常丰富。据不完全估计，至少有 20 万种诸如昆虫、蝙蝠和鸟类等传粉者。花一般都有彩色的花瓣、香味和花蜜，它们能够增加植物对传粉者（昆虫或鸟类）的吸引力。有些花可以通过吸引力的强度来引导某类传粉者（如蜜蜂）的专一访问，从而保持花的恒常性。也就是说，这些传粉者倾向于访问特定的花，而绕过其他花。这种花的恒常性在进化上能够显现出一定的优势，因为它能保证传粉者将花粉转移到相同或同种植物上，从而最大限度地提高同一花卉物种的繁殖。当然，换种角度讲，花的恒常性对传粉者同样也是有利的，因为它能确保传粉者以有限的记忆、最小的学习或探索成本获得足够的花蜜。可见，花的恒常性是一种双赢的平衡。

授粉可以分为两个主要的类型：自花授粉和异花授粉[67]。自花授粉是指同一朵花的自身传粉或同一植株的不同花之间的相互传粉，主要通过风和雨水的扩散等非生物传粉方式完成。而异花授粉则是指不同植株的花之间进行的传粉，主要依靠昆虫和鸟类等生物完成传粉。具体过程是：当昆虫在一朵花上吃花粉或吸花蜜时，一些花粉粒就可能附着在它的身上。当昆虫飞到另一株植物的新花上继续觅食时，原来附着的花粉就可以转移到新花的柱头上，并可能使该花受精。图 7.2 所示为传粉者与授粉类型示意图。值得注意的是，生物传粉、异花授粉可能是远距离的传播，因为蜜蜂、蜻蜓、鸟类和蝴蝶等传粉者都可以飞很远的距离，因此可以认为它们在执行全局传粉，它们的行为遵循 Levy 飞行机制，即飞或跳的距离步长满足 Levy 分布。

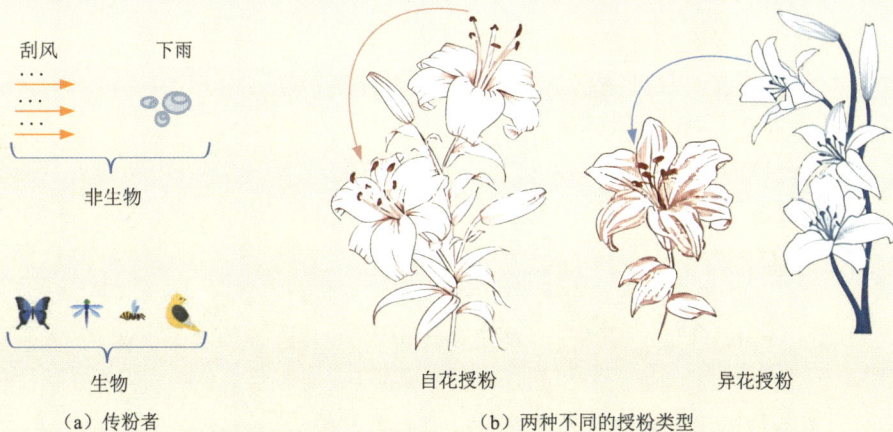

(a) 传粉者　　　　　　　　　　　　(b) 两种不同的授粉类型

图 7.2　传粉者与授粉类型示意图

31.2 花授粉算法

英国学者杨新社受自然界中开花植物的花朵授粉现象启发，于 2012 年提出了一种新的群智能启发式算法——花授粉算法[68]（flower pollination algorithm，FPA）。该算法通过模拟花授粉过程来实现对优化问题的求解。类似于一些优化算法，该算法以花个体位置的编码表示待求解问题的解，用适应函数来评价解（位置）的优劣，并通过自花授粉和异花授粉机制来实现对解（位置）的搜索。自花授粉在物理位置上距离较近，因此将其对应为优化的局部开采过程；而异花授粉大部分情况下是通过传粉者远距离的传粉，故将其对应为全局勘探过程[68]。事实上，植物的花授粉过程是十分复杂的，为了简化设计，FPA 中每棵植物只有一朵花，每朵花只产生一个花粉配子，即表示问题解的花个体可视为花粉配子、花或者相应的植物。算法主要的理想化规则如下[68]：

1）当进行生物传粉和异花授粉时，传粉者通过 Levy 飞行进行花粉的传递，该过程执行全局勘探。

2）当进行非生物传粉和自花授粉时，该过程执行局部开采。

3）花的恒常性可看作是繁衍概率，其大小与授粉过程中所涉及的两朵花之间的相似性成正比。

4）全局勘探和局部开采过程的改变通过切换概率 p(p∈[0,1]) 来控制。即当值域为 [0,1] 的随机函数产生的随机数 r<p 时，执行局部开采，否则执行全局勘探。

基于上面的几个规则，花授粉算法求解单目标函数优化问题的基本框架[69]如算法 7.1 所示。

算法 7.1　花授粉算法

1）初始化参数：设置花朵群规模 n、最大迭代次数 T 和切换概率 p 等参数；

2）初始化花朵种群：

   { 在 D 维解空间中，随机初始化 n 朵花朵的位置，得到初始花朵种群；

     利用适应函数来计算每朵花朵的适应度值；

     按适应度值，找到并记录当前的全局最优解；}

3）花朵种群迭代寻优的循环：

   { for i=1 to n

     { 利用随机函数，在 (0,1) 间产生一随机数 r；

       if r<p then　　　　　　 // 自花授粉

          从当前花朵的邻居中任选 2 朵花，执行自花授粉；

       else　　　　　　　　 // 异花授粉

          利用 Levy 飞行机制生成授粉强度 L，与当前最优花朵进行异花授粉；}

       如果有比当前最优解更好的解，则更新全局最优解；

       如果达到最大迭代次数 T，则退出迭代循环，否则，迭代次数加 1，继续 3）；}

4）输出迄今为止具有最好适应度的解（位置）（最优解）。

　　自然界中有数万种开花植物，授粉行为是这些植物的共性特征，它们通过传粉（授粉）行为来繁衍后代。花授粉算法就是通过模拟有花植物的授粉过程而提出的优化算法，该算法具有简单、易实现、效率高等优点，所以一经提出便引起人们的广泛重视。经十几年时间，已经在数据聚类（data clustering）、无线传感器网络优化（wireless sensor networks optimization）、神经网络训练、特征选择、整数规划（integer programming）、经济负荷调度（economic load dispatch）、拥塞管理（congestion management）、车辆路径规划（vehicle path planning）、分布式发电最优选址（distributed generation optimal locations）、桁架结构尺寸优化（truss structures sizing optimization）、太阳能光伏系统参数估计（solar photovoltaic systems parameter estimation）、最优电流（optimal power flow）、最优无功功率调度（optimal reactive power dispatch）、负载频率控制（load frequency control）、天线定位（antenna positioning）、最佳电容器位置（optimal capacitor locations）、铰接平面框架优化（pin-jointed plane frames optimization）、静态无功补偿器阻尼控制器设计（static VAR compensator damping controller design）等问题上得到应用并取得了显著的效果。

八、结 语 篇

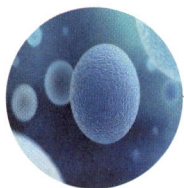

生物、群体行为与群智能算法

地球上现有的生物有多少种呢？这个问题虽然没有精确的答案，但据近年来科学家的研究估计生物种类已达数千万种。其中，许多生物已经在地球上生存了数亿年，它们能历经地球上的各种自然灾害而将生命延续至今，一定有其适应环境、不断进化的生存之道。

32.1 本书概览

本书首先从与生物相关的个人生活经历、小故事、传统文化或社会趣闻入手，为读者引出一些有鲜明特征的生物；然后，重点介绍相应生物所具有的独特群体行为及其生物学机理。最后，通过对这些行为机理的计算机模拟，给出相应的群智能算法，并对其应用进行简要概括。

图 8.1 给出了本书介绍的生物、相应生物的群体行为及其衍生的群智能算法，全书内容按动物、微生物和植物三大类进行组织。因为群智能算法主要是由动物行为衍生的，所以，对动物又按昆虫、鸟、鱼虾、两栖、哺乳等小类进行了更细的划分。

与图 8.1 相对应，表 8.1 汇总了本书涉及的具体生物名称、各自的群体行为、相应启发的智能算法名称、算法提出时间、主要作者及其国籍。该表涉及 28 种动物，2 种微生物和 1 种植物，共汇总了 34 种群智能算法。概括起来，群智能算法有如下的 3 个发展特征：

1）尽管不同生物所发生的群体行为不尽相同，但在本质上都是为了生物生存和生命延续而进行的基本生活习性，具体包括觅食（如捕食、觅食、捕猎、抓老鼠、采蜜、寻食、等级觅食等）、繁殖（如追尾、传播、授粉等）、迁徙（如游牧、攀爬、定向导航、避敌、跟踪、躲藏、扩散等）、聚集（如拾尸、发光、聚群、群居等）四方面的群体行为。

2）不仅对不同生物的群体行为进行模拟会产生不同的群智能算法，而且对同一生物不同的群体行为进行模拟也会衍生出不同的群智能算法，如蚂蚁的觅食和拾尸、蜜蜂的采蜜和繁殖、蝴蝶的觅食和迁徙等。

3）1991 至今，群智能算法得到了稳定的进步和快速的发展，吸引了全世界众多国家和地区研究者的广泛重视。其中，中国学者提出了不少优质的群智能算法，在该领域的繁荣和发展进程中发挥了不可替代的重要作用。

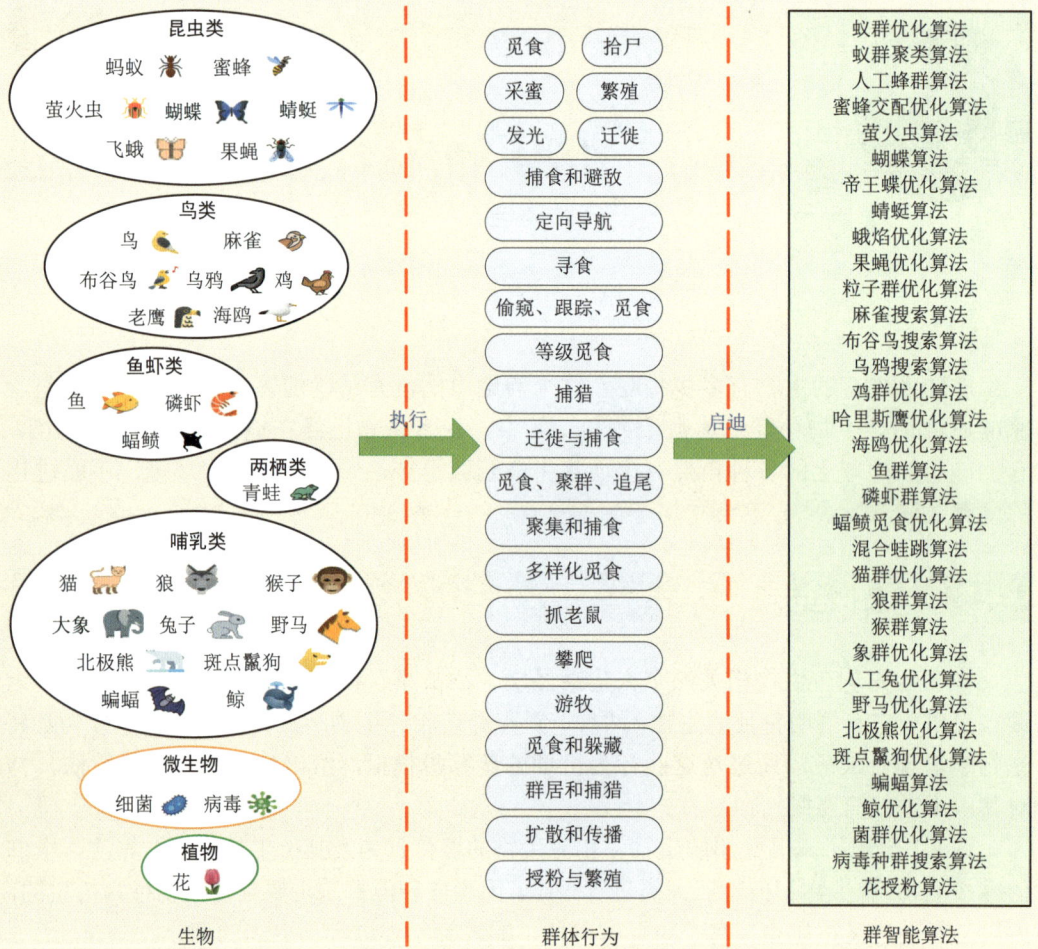

图 8.1　生物、群体行为及其群智能算法

表 8.1　本书涉及的生物、群体行为及其启发的智能算法

不同生物		群体行为	智能算法	提出时间	主要作者	国别
动物	昆虫类 蚂蚁	觅食	蚁群优化算法	1991	Dorigo	意大利
	蚂蚁	拾尸	蚁群聚类算法	1991	Deneubourg	比利时
	蜜蜂	采蜜	人工蜂群算法	2005	Karaboga	土耳其
	蜜蜂	繁殖	蜜蜂交配优化算法	2001	Abbass	澳大利亚
	萤火虫	发光	萤火虫算法	2008	杨新社	英国
	蝴蝶	觅食	蝴蝶算法	2015	Arora	印度
	蝴蝶	迁徙	帝王蝶优化算法	2019	王改革	中国
	蜻蜓	捕食和避敌	蜻蜓算法	2016	Mirjalili	澳大利亚
	飞蛾	定向导航	蛾焰优化算法	2015	Mirjalili	澳大利亚
	果蝇	寻食	果蝇优化算法	2011	潘文韶	中国台湾

续表

不同生物		群体行为	智能算法	提出时间	主要作者	国别
动物	鸟类 鸟	觅食	粒子群优化算法	1995	Kennedy	美国
	麻雀	觅食	麻雀搜索算法	2020	薛建凯、沈波	中国
	布谷鸟	繁殖	布谷鸟搜索算法	2009	杨新社	英国
	乌鸦	偷窥、跟踪、觅食	乌鸦搜索算法	2016	Askarzadeh	伊朗
	鸡	等级觅食	鸡群优化算法	2014	孟献兵	中国
	老鹰	捕猎	哈里斯鹰优化算法	2019	Heidari	伊朗
	海鸥	迁徙与捕食	海鸥优化算法	2019	Dhiman	印度
	鱼虾类 鱼	觅食、聚群、追尾	鱼群算法	2002	李晓磊	中国
	磷虾	聚集和捕食	磷虾群算法	2012	Gandomi	美国
	蝠鲼	多样化觅食	蝠鲼觅食优化算法	2020	赵卫国	中国
	两栖类 青蛙	捕食	混合蛙跳法	2003	Eusuff	美国
	哺乳类 猫	抓老鼠	猫群优化算法	2006	初树安	中国台湾
	狼	捕猎	狼群算法	2011	柳长安	中国
	猴子	攀爬	猴群算法	2008	赵瑞清、唐万生	中国
	大象	游牧	象群优化算法	2015	王改革	中国
	兔子	觅食和躲藏	人工兔优化算法	2022	王利英	中国
	野马	游牧	野马优化算法	2022	Naruei	伊朗
	北极熊	捕食	北极熊优化算法	2017	Połap、Woźniak	波兰
	斑点鬣狗	群居和捕猎	斑点鬣狗优化算法	2017	Dhiman、Kumar	印度
	蝙蝠	捕食	蝙蝠算法	2010	杨新社	英国
	鲸	捕食	鲸优化算法	2016	Mirjalili	澳大利亚
微生物	细菌	觅食	菌群优化算法	2002	Passino	美国
	病毒	扩散和传播	病毒种群搜索算法	2016	李牧东	中国
植物	花	授粉与繁殖	花授粉算法	2012	杨新社	英国

32.2　群智能算法流程及其通用机制

　　优化问题广泛地存在于自然科学和工程技术领域，其中许多优化问题都具有非常复杂的约束条件，这些带约束的优化问题往往是高度非线性的。一些优化问题尽管在客观上存在着最优解，但是想要找到其最优解通常是一项极具挑战性的任务。对于非线性和多模态的工程优化问题来说，大多数传统的优化方法都无法找到或逼近最优解。为此，人们开始研究利用自然启发的元启发式搜索算法来解决这类难题。

　　生活在大自然中的各类生物，为了各自生命的繁衍和延续，在其生存的时间里一直都在努力解决着影响其自身进化的挑战性问题。经过数百万年乃至数十亿年的发展和演化，许多生物系统已经在最大化其繁殖和生命延续方面取得了令人惊讶的进步。在过去的 30 年里，人工智能的研究人员通过系统地研究一些生物的行为特征，开发出了许多受生物行为启发的群智能算法。例如，通过模拟蚁群在觅食过程中能够自组织地发现最短路径的行为提出了蚁群优化算法；通过模拟蝙蝠在夜间飞行捕食过程中的回声定位行为提出了蝙蝠算法；通过模拟萤火虫发光的多种行为模式提出了萤火虫算法等。这些群智能算法都属于元启发式搜索算法，它们是一种利用直观或经验构造出的算法。面对复杂的问题求解，这类算法能够在可接受的计算时间和空间代价下求得一个可行解，故目前已经被广泛应用于许多工程或工业实际问题的求解。概括起来，群智能算法具有如下的一些优势：

1）群智能算法的求解机理源于对生物行为的模拟，算法整体流程的结构简单，易实现。

2）群智能算法将问题视为黑箱，与数学优化算法相比，它们不需要计算解空间的导数信息。

3）群智能算法都采用基于种群的随机优化来求解问题，所以能够有效避免陷入局部最优，从而广泛适用于许多实际问题的求解。

4）群智能算法具有高度的灵活性和适应性，只要问题表示确定，它们通常不需要修改算法结构就能用于解决不同的优化问题。

那么，群智能算法能够体现出这些求解优势的原因是什么呢？究其原因，虽然不同算法模拟的生物行为不同，求解步骤也不尽相同，但它们在种群优化过程中都具有搜索、个体评价、精英保留、信息交流与反馈等一套必要的求解机制，图 8.2 给出了群智能算法流程中所具有的通用求解机制。一个群智能算法的基本流程简单而具有结构化：首先，算法先要进行参数初始化，并随机生成初始种群；然后，进入种群优化过程完成种群的进化和最优解的寻优；最后，判断结束条件是否满足，若不满足，更新后的种群继续进行下一代的优化，若满足，算法结束并输出最优解。下面，我们详细介绍种群优化过程中的几个求解机制。

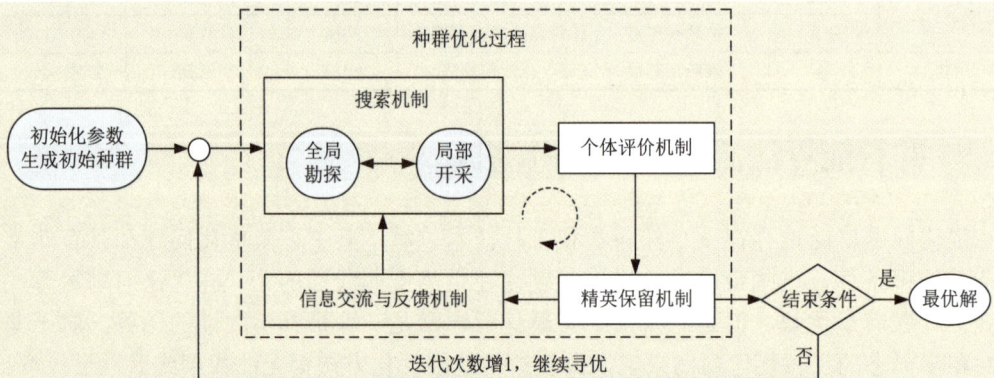

图 8.2　群智能算法流程中的求解机制

搜索机制：无论群智能算法模拟的生物是什么，种群优化最基本的操作是生物个体对候选解组成的解空间进行随机遍历、搜索的过程，因此设计合理、有效的搜索机制就显得尤为重要。尽管不同的群智能算法所采用的搜索机制各不相同，但不同的搜索机制有一个共同的特征，即将搜索过程划分为全局勘探与局部开采这两个既相互独立又相互辅助的过程。

全局勘探鼓励生物个体突然、随机地改变所代表的候选解（位置）以探索解空间中更为广泛的区域。这种机制能够增加解的多样性，提高搜索对解空间的全局勘探能力。例如，在蚁群优化算法中，蚂蚁利用转移概率进行下一可达城市的随机选取所实现的状态变迁；在粒子群优化算法中，粒子保持惯性权重并按其先前方向继续前进；在蝴蝶算法中，蝴蝶在没有感受到周边香味的前提下随机移动一步。这些搜索都是在强调对解空间中未知区域的探索。局部开采则是通过对全局勘探过程中所获得的、比较有前途的候选解进行邻域内的区域搜索，以进一步提高候选解的质量。例如，在蚁群优化算法中，当随机采样的概率值低于所设定的阈值时，蚂蚁利用候选城市列表信息直接选择其中信息素和启发信息乘积最大的城市作为要到达的下一个城市；在粒子群优化算法中，低惯性率会导致粒子移动对已获得个体/全局最佳解的高倾向性；在蝴蝶算法中，蝴蝶感受并向有香味的地方（蝴蝶或花）移动一步。这些搜索都是强调对当前候选最优解的邻域实施小范围的局部开采。

虽然全局勘探与局部开采是相互独立的两个搜索过程，但两者在群智能优化中的作用不可替代，缺一不可。一方面，仅利用全局勘探来搜索解空间可能会使算法无法找到全局最优的精确近似值；另一方面，单纯地采用局部开采会容易导致陷入局部最优而失去找到全局最优解的机会。因此，努力维持这两个搜索过程的平衡，是保证群智能算法准确逼近全局最优的必要手段。

个体评价机制：在群智能算法中，为了衡量种群中每个个体的解质量，通常需要利用一个预定义的适应函数来对个体进行评价。如果个体的适应函数值高，说明个体的解质量好，反之亦然。通常，评价机制中适应函数值高低的定义与待求问题的目标函数有关。例如，在旅行商问题中，个体遍历所有城市回到出发城市的旅行长度越小，说明个体（解）的适应函数值越高。在极大值的函数优化问题中，个体搜索得到位置的函数值越大，说明个体（解）的适应函数值越高。在多维背包问题中，个体选择对象子集的利益函数值越大，说明个体（解）的适应函数值越高。

精英保留机制：在群智能算法中，种群进化的目标是通过对解空间的搜索获得其中的最优解。为了实现这个目标，每个群智能算法都会按照达尔文进化论中"物竞天择、适者生存"的原则进行精英选择。因此，几乎所有的群智能算法在每次迭代后会更新和保留到目前为止发现的最优解。此外，许多群智能算法在种群优化操作产生一些新个体时，首先会挑选适应函数值较高的精英个体重新组成新一代种群，然后再进行后续的迭代搜索。例如，布谷鸟搜索算法保留 n 个具有高适应函数值的宿主鸟巢作为新一代宿主鸟巢，该做法就是通过选择和保留精英解（更适应的个体），保证新一代种群的质量，让后续的进化过程在更好的个体上进行。

信息交流与反馈机制：在群智能算法中，尽管种群中的每个个体在每次迭代中都独立地进行着各自的解变迁，但当种群中所有的个体都完成变迁后，算法会进行种群内个体间的信息交流和传递，以将种群的精英解或个体自身记忆的信息反馈给新一代种群个体，让新个体朝着更好的方向进行后续的优化。例如，在蚁群优化算法中，蚂蚁利用信息素的更新来实现蚁群间的信息交流；在萤火虫算法中，萤火虫个体的位置更新公式以当代种群中具有最高亮度的个体为参照，从而使个体向最高亮度个体所处的位置移动；在粒子群优化算法的位置更新中，每个粒子都要结合粒子自身个体的最好解（Pbest）和粒子群体的全局极值（Gbest）这两种信息来进行更好解的搜索。这种个体间的信息交流与反馈，保证了种群进化能够随着迭代次数的增加而不断进步。

正如图 8.2 所示，在种群的优化过程，这 4 个机制彼此独立，但相互协调、配合。首先，种群中的每个个体根据具体情况按不同的搜索机制（全局勘探或局部开采）完成候选解的变迁；之后，变迁后的个体通过评价机制进行个体质量的评估；再后，精英机制根据评估结果进行精英解的保留和新种群个体的选择；最后，信息交流和反馈机制完成精英解或个体历史记忆的信息传递，从而使种群的下次迭代能够运用这些更新的启发信息来进行更好的优化。

32.3　人类发展群智能新算法的必要性

群智能算法是基于某种生物个体相互作用所涌现的群集智能行为而提出的一类元启发式搜索方法，该方法的实现机理是通过模拟群集生物（如蜜蜂、蚂蚁、鸟、鱼等）群体间的社会协作行为来高效地搜索问题的最优解。近年来，随着大量新算法的涌现，群智能算法不仅在算法理论上取得了很大进步，而且在科学和工程实践中也获得了广泛应用。显然，群智能算法已发展成为人工智能研究中的一个前沿领域。

此时，大家不禁会问，我们在这个领域是否还需要继续发展更多的新算法？无疑，答案是肯定的。一方面，包罗万象的生物世界充满着无穷的奥秘，蕴含着丰富的演化机理。研究人员到目前为止提出的群智能算法，只使用了生物界所蕴含机理中非常少量的部分灵感。在客观上，生物世界中还有很多生命现象及其潜在的机理值得我们做进一步的开发和探索。另一方面，最优化理论领域的学者 Wolpert 和 Macready 提出的没有免费午餐（no free lunch，NFL）定理 [70] 告诉我们，在世界上不存在哪个算法能够很好地解决所有的优化问题。这意味着某算法对一类问题的求解可能非常有效，但与此同时，它对其他类问题的求解也许会无能为力。换句话说，每个算法在所有可能的优化问题上的平均表现都可能是接近的。这个定理说明，为了解决更广泛的现实问题或截至目前尚未解决好的特定问题，我们非常有必要不断地进行新算法的尝试和探索。就在本书完稿、交付出版的过程中，又涌现出了一些新的群智能算法，如浣熊优化算法 [71]、星鸦优化算法 [72]、沙猫优化算法 [73]、灰雁优化算法 [74]、海象优化算法 [75]、雪雁优化算法 [76] 等。可见，群智能算法的研究方兴未艾，未来更大的进步和发展仍值得我们期待。

启迪与思考

有别于传统人工智能的符号主义和连接主义，群智能可以看作是一种新的关于智能的描述方法。本书介绍了34个有代表性的群智能算法，每一种算法都在讲述一个生物群体演化的故事。为了追溯生物群智能的诞生，我们必须深入研究和分析计算机如何模拟生物行为的关键步骤。与此同时，我们在对生物群智能生成过程的研究和分析中也会收获一些启迪与思考，这些收获反过来又可能促进我们人类自身的进步和发展。

33.1　群智能算法给创新带来的启迪

2023年5月17日，教育部等十八部门联合印发了《关于加强新时代中小学科学教育工作的意见》（以下简称《意见》），对我国社会主义新时代中小学的科学教育做了全面部署。《意见》旨在全面提高学生科学素质，培育具备科学家潜质、愿意献身科学研究事业的青少年群体。由于创新是科学家进行科学研究最基本的科学素质，因此，培养中小学学生的创新能力是中小学科学教育的核心内容之一。虽然本书介绍的每一种群智能算法所仿生的生物行为迥然有别、各具特色，但其从无到有的创新却都经历了生物群体行为的观察、生物学机理分析、计算建模和算法设计这样几个流程。每种算法的产生过程都客观地诠释了创新的几个要素。

对自然现象的细致观察：每一群智能算法都是通过对某种生物行为的仿生模拟来实现的，所以算法的诞生首先归功于研究人员对现实世界中一些生物聚集行为的细致观察。例如，蚁群优化算法源于人们对蚁群能够在觅食过程中发现最短路径这一自然现象的观察；人工蜂群算法源于人们对蜂群个体角色分工明确、能够高效采蜜这一自然现象的观察；萤火虫算法源于人们对萤火虫群通过发光寻求配偶、逃避天敌攻击这一自然现象的观察；蝴蝶算法源于人们对蝴蝶群利用嗅觉来发现食物、寻找配偶、逃离有毒植物这一自然现象的观察；帝王蝶优化算法源于人们对帝王蝶群为了寻找需要的花蜜而进行季节性大规模迁徙这一自然现象的观察，等等。可见，没有人们对这些自然现象的细致观察和发现，就不可能提出这些新颖、有效的群智能算法。因此，对现实世界中自然现象的细致观察是创新的源头。

对现象内在机理的深入探究：地球上众多生物的长期演化和繁衍给世界带来了许多

独特迥异的自然现象，那么这些现象是如何形成的？现象背后蕴含着怎样的内在机理呢？透过现象看本质，对这些疑惑的深入探究是人们形成群智能算法思想的根本。我们仍举例说明。①生物学家通过对蚁群觅食现象进行深入研究，发现了蚁群用于交换信息的独特媒介——信息素。在蚁群的觅食过程中，无语言交流的蚂蚁正是利用在行走过程中留下的信息素浓度来实现自催化的"信息正反馈"：路径越短，累积的信息素浓度越高，而浓度越高，吸引后继蚂蚁选择该路径的概率越大，最终导致所有蚂蚁选择从食物源到蚁穴之间的最短路径。②生物学家通过对蜂群采蜜现象进行深入研究，发现采蜜蜂分为侦察蜂和观察蜂两类。侦察蜂主要负责寻找蜜源，找到蜜源后它们通过独特的舞姿将蜜源信息分享给巢中等待采蜜的观察蜂，从而引导观察蜂去合适的蜜源进行开采。正是这种自组织的分工协作、信息共享机制，才使蜂群能够高效率地找到优质蜜源。③生物学家通过对萤火虫发光现象进行深入研究，发现萤火虫的闪光信号拥有不同的颜色、长度、节奏、频率和强度。当求偶时，成熟的雄虫会发出自己特有的求偶信号以吸引异性，如果雌虫同意求偶，则会发出同频、同色的闪光与雄虫相呼应，进而配对成功并完成交配。当遭遇天敌时，萤火虫会发出强烈而短促的闪光信号，使捕食者惊恐或短暂性致盲，从而及时逃逸。当遇到危险时，萤火虫也会发出警示的闪光信号，让同伴远离危险区域。这种通过发光、感知和回应来实现个体间交流和通信的机制，保证了萤火虫完成种群的社会性繁衍和生存。显然，上述这些对现象内在机理的深入探究和分析是创新的基础。

对多学科知识的灵活应用：观察现象、剖析机理、进行问题的形式化、建立计算模型、设计算法，群智能算法提出的每一步都离不开人们对已掌握知识的拓展和运用。具体来说，生物现象的观察、描述、探究、理解和分析需要生物学、地理、物理、化学等方面的知识；待求问题的形式化、机理的数学描述和表达、计算建模、算法设计与实现需要数学、物理、计算机等方面的知识和技术。可见，对多学科知识的灵活应用是创新的手段。

综上，从群智能算法的提出来看，人类的技术进步源于我们对现实世界中一些自然现象的细致观察、内在机理探究和计算机的模拟实现。只要我们平时善于观察，勤于思考，并能够灵活运用所学的多学科知识，就有可能实现新方法和新技术的创新。作者认为，这也为当前初高中科学教育中如何培养学生的创新能力提供了一点启迪。初高中学生正值身体和大脑的发育期，他们对新鲜事物敏感，喜欢观察，也愿意思考，因此，基于这些特点，如何引导学生对一些自然现象的好奇心、如何强化学生对现象内在原理的探究心、如何激励学生对学习多学科知识的求知欲，将是初高中科学教育中培养科学思维、提升创新潜能的关键。

33.2 群智能算法给学习带来的思考

中学教育不仅是基础教育，而且是成长教育，因此，中学教育不仅要传授知识，更重要的是要培养学生的综合素质。素质培养中最重要的一项内容就是对学生学习习惯、学习能力的培养。作者认为，群智能算法流程内含的求解机制对初高中学生学习习惯、学习能力的培养也有一定的借鉴意义。

　　我的高中三年是在校园环境幽雅、文化底蕴深厚的太谷中学度过的，太谷中学是山西省的重点中学，每年都会通过高考向全国很多重点高校输送不少优秀学生。2003 年，我外甥参加全国高考，一考成名，以优异的成绩获得当年太谷中学和太谷县的高考状元，并被清华大学物理系录取。他能成为全县的高考状元，自然离不开他的勤奋和努力。我想，作为一名高考状元，他对学习应该会有自己的一些独到体会和领悟。一个偶然的机会，我与他聊起他高中学习的成功经验，他强调养成好的学习习惯非常重要。他认为：①高中学习最重要的是能够尽快掌握大纲要求的新知识，除了跟着老师教学计划有序地学习相应的知识点，他有一个学习爱好就是喜欢自己推导公式，通过推导来深刻理解所学知识点中的数理原理；②每过一段时间，要通过班级测评留意自己的学习效果，及时发现学习中的问题和不足；③按照班级的测评结果，树立和更新阶段的学习榜样，向榜样学习好的学习方法；④课下多与老师、同学进行交流、讨论，分享解题思路、经验和教训，扬长避短，不断提升解题能力。无独有偶，他的这几点看法恰好与群智能算法流程中的几个求解机制相对应，换句话说，群智能算法的求解机制实质上为学生的学习进步提供了一套系统而有效的方法。

　　与群智能算法流程中的几个求解机制相对应，我们给出一个班级学生在一起进行学习的过程，如图 8.3 所示。一个高中班的学生在入学时，都会有一个初始的学习状态，他们经过 3 年 6 个学期若干门课程的学习和若干次考试，最后完成学业、成绩合格后顺利毕业。自然，高考成绩最优的同学即为该班级的高考状元。这个过程中最核心的环节是学生的学习进步过程，该过程与群智能算法中的种群优化过程类似，具体也由 4 种机制构成。

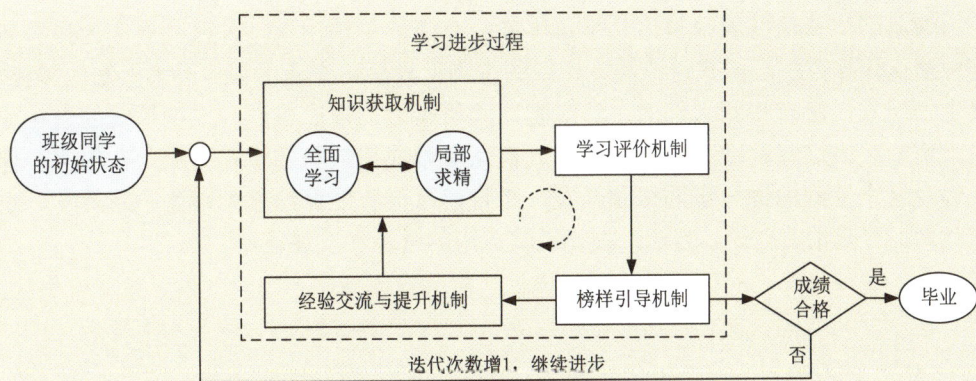

图 8.3　一个班级学生在一起学习的过程

　　1）知识获取机制用于学习各科的新知识，主要有两种方式，按老师对各个知识点的讲授来进行课堂学习（全面学习）和自己课下对某些知识点细节的学习和推敲（局部求精），这两个过程的平衡是掌握好新知识的关键。

　　2）学习评价机制是通过考试和测验对学生阶段的学习效果进行评估，以及时反映每个学生的学习状态，查找学习中的问题和不足。

　　3）榜样引导机制是按测评结果让学生能够及时在班级中找到各科合适的学习榜样，

向榜样学习，解决遇到的学习问题，改善学习中的不足。

4）经验交流与提升机制强调班级学习的群体效应，通过同学们的讨论、交流，不仅能够激发学生的思维和创新能力，增强学生的学习兴趣，更好地掌握知识，而且也能够培养学生的沟通能力和团队合作精神，全面提高学生主动学习和解决问题的能力。

这4种机制的相互协调、配合，形成一个学习优化系统，从而积极推进一个班级学生的学习进步。对比图8.2和图8.3，不难发现，尽管两图中流程的具体名称各不相同，但运行的基本框架一致，这说明由生物群体行为衍生的群智能算法，不仅是自然科学和工程实际优化问题的一种有效求解工具，而且其内在的运行机理也能为学生集体学习的进步带来有益的思考。

33.3　结束语

搜索是人工智能求解许多问题的根本方法，元启发式搜索是近年发展起来的一种迭代寻优的搜索方法。由于元启发式搜索具有简单性、灵活性和健壮性的特点，且通常能在合理的时间内给出优化问题的满意解，因此，元启发式搜索在计算机科学、运筹学、生物信息学和工程学等多个领域引起了研究人员的极大兴趣。

大自然经过几十亿年的演化发展，在给人类赐予丰富物资资源和美丽自然景观的同时，也赋予人类一个生物多样性的生存环境。无疑，历经各种自然灾害的洗礼能够存活下来的每种生物，一定都有自己独特的智慧和生存之道。受此启发，人工智能的研究者从鸟群、昆虫群、鱼群等群集生物的社会行为中获得了一些启迪和灵感，提出了一种典型的元启发式搜索方法——群智能算法。

尽管群智能算法发展很快，几乎每年都会有新的算法出现，且已发展成为最有效的一种演化计算方法，但是，浩瀚、广阔的生物世界里仍充满了很多不为人知的奥秘，许多生物现象还没有得到人们的足够重视，其所蕴含的内在机理、生物系统的进化原理尚不明晰……这些秘密和未知，都是大自然留给我们人类的潜在宝藏。在未来，伴随我们对这个宝藏的进一步勘探和开发，必将谱写群智能算法蓬勃兴盛的新篇章，也将推动人工智能相关理论、方法、技术及其应用的进步和发展。

参 考 文 献

[1] COLORI A, DORIGO M, MANIEZZO V. Distributed optimization by ant colonies[C]//Proceedings of the 1st European Conference on Artificial Life, 1991: 134-142.

[2] DORIGO M. Optimization, learning and natural algorithms[D]. Ph.D. Thesis, Department of Electronics, Politecnico, Italy, 1992.

[3] 冀俊忠，黄振，刘椿年. 一种快速求解旅行商问题的蚁群算法 [J]. 计算机研究与发展，2009（6）：968-978.

[4] JAFAR O M, SIVAKUMAR, R. Ant-based clustering algorithms: a brief survey[J]. International Journal of Computer Theory and Engineering, 2010, 2(5): 787-796.

[5] DENEUBOURG J L, GOSS S, SENDOVA-FRANKS N, et al. The dynamics of collective sorting robot-like ants and ant-like robots[C]//Proceedings of the First International Conference on Simulation of Adaptive Behavior on From Animals to Animats, 1991: 356-365.

[6] LUMER E D, et al. Diversity and adaptation in populations of clustering ants[C]//Proceedings of the Third International Conference on Simulation of Adaptive Behavior：From Animals to Animats 3. MIT Press, 1994：501-508.

[7] JI J, LIU H, ZHANG A, et al. ACC-FMD: ant colony clustering for functional module detection in protein-protein interaction networks[J]. International Journal of Data Mining and Bioinformatics, 2015, 11(3): 331-363.

[8] 封王江，张翌楠，黄景南，等. 蜜蜂舞蹈行为研究进展 [J]. 福建农林大学学报（自然科学版），2022, 51（4）：451-459.

[9] KARABOGA D. An idea based on honey bee swarn for numerical optimization. Technical Report TR06[R]. Kayseri, Erciyes University, Engineering Faculty, Computer Engineering Department, 2005.

[10] BASTRUK B, KARABOGA D. An artificial bee colony (ABC) algorithm for numeric function optimization[C]// Proceedings of the IEEE Swarm Intelligence Symposium, Hunolulu, HI, 2006, Indianapolis, USA, IEEE, 2006: 12-14.

[11] 冀俊忠，魏红凯，刘椿年，等. 基于引导素更新和扩散机制的人工蜂群算法 [J]. 计算机研究与发展，2013, 50（9）：2005-2014.

[12] ABBASS H A. MBO: marriage in honey bees optimization-a Haplometrosis polygynous swarming approach[C]// Proceedings of the IEEE Congress on Evolutionary Computation. IEEE, 2001: 207-214.

[13] ABBASS H A. A single queen single worker honey-bees approach to 3-SAT[C]//Proceedings of the 3rd Annual Conference on Genetic and Evolutionary Computation, 2001: 807-814.

[14] YANG X S. Nature-inspired metaheuristic algorithms [M]. Luniver Press, 2008.

[15] 纪子龙，冀俊忠，刘金铎，等. 基于萤火虫算法的脑效应连接网络学习方法 [J]. 哈尔滨工业大学学报，2019, 51（5）：76-84.

[16] FISTER I, FISTER JR I, YANG X S, et al. A comprehensive review of firefly algorithms[J]. Swarm and Evolutionary Computation, 2013, 13: 34-46.

[17] ARORA S, SINGH S. Butterfly algorithm with levy flights for global optimization[C]//2015 International Conference on Signal Processing, Computing and Control. IEEE, 2015: 220-224.

[18] ARORA S, SINGH S. Butterfly optimization algorithm: a novel approach for global optimization [J]. Soft Computing, 2019, 23: 715-734.

[19] WANG G G, DEB S, CUI Z. Monarch butterfly optimization[J]. Neural Computing and Applications, 2019, 31: 1995-2014.

[20] MIRJALILI S. Dragonfly algorithm: a new meta-heuristic optimization technique for solving single-objective, discrete, and multi-objective problems[J]. Neural Computing and Applications, 2016, 27: 1053-1073.

[21] REYNOLDS C W. Flocks, herds and schools: a distributed behavioral model[J]. ACM SIGGRAPH Comput Gr, 1987, 21:25-34.

[22] MERAIHI Y, RAMDANE-CHERIF A, ACHELI D, et al. Dragonfly algorithm: a comprehensive review and applications[J]. Neural Computing and Applications, 2020, 32: 16625-16646.

[23] MIRJALILI S. Moth-flame optimization algorithm: a novel nature-inspired heuristic paradigm[J]. Knowledge-based Systems,

2015, 89: 228-249.

[24] SHEHAB M, ABUALIGAH L, AL HAMAD H, et al. Moth-flame optimization algorithm: variants and applications[J]. Neural Computing and Applications, 2020, 32: 9859-9884.

[25] PAN W T. A new evolutionary computation approach: fruit fly optimization algorithm[C]//2011 Conference of Digital Technology and Innovation Management, Taipei, 2011: 382-391.

[26] PAN W T. A new fruit fly optimization algorithm: taking the financial distress model[J]. Knowledge-based Systems, 2012, 26：69-74.

[27] EBERHART R, KENNEDY J. A new optimizer using particle swarm theory[C]//Sixth International Symposium on Micro Machine and Human Science, New York, USA: IEEE, 1995: 39-43.

[28] KENNEDY J, EBERHART R. Particle swarm optimization[C]//International Conference on Neural Networks. IEEE, 1995: 1942-1948.

[29] 胡仁兵. 动态贝叶斯网络结构学习的研究 [D]. 北京：北京工业大学，2009：11-13.

[30] XUE J K, SHEN B. A novel swarm intelligence optimization approach: sparrow search algorithm, Systems Science & Control Engineering, 2020, 8(1): 22-34.

[31] YANG X S, DEB S. Cuckoo search via Lévy flights[C] //2009 World Congress on Nature & Biologically Inspired Computing (NaBIC), IEEE, 2009: 210-214.

[32] YANG X S, DEB S. Engineering optimisation by cuckoo search[J]. International Journal of Mathematical Modelling and Numerical Optimisation, 2010,1(4): 330-343.

[33] ASKARZADEH A. A novel metaheuristic method for solving constrained engineering optimization problems: crow search algorithm[J]. Computers & Structures, 2016, 169: 1-12.

[34] MENG X B, LIU Y, GAO X Z, et al. A new bio-inspired algorithm: chicken swarm optimization[J]. Lecture Notes in Computer Science, 2014, 8794(1): 86-94.

[35] HEIDARI A A, MIRJALILI S, FARIS H, et al. Harris hawks optimization: algorithm and applications[J]. Future Generation Computer Systems, 2019, 97: 849-872.

[36] ALABOOL H M, ALARABIAT D, ABUALIGAH L, et al. Harris hawks optimization: a comprehensive review of recent variants and applications[J]. Neural Computing and Applications, 2021, 33: 8939-8980.

[37] DHIMAN G, KUMAR V. Seagull optimization algorithm: theory and its applications for large-scale industrial engineering problems[J]. Knowledge-based Systems, 2019, 165: 169-196.

[38] 李晓磊，邵之江，钱积新. 一种基于动物自治体的寻优模式：鱼群算法 [J]. 系统工程理论与实践，2002，22（11）：32-38.

[39] GANDOMI A H, ALAVI A H. Krill herd: a new bio-inspired optimization algorithm[J]. Communications in Nonlinear Science and Numerical Simulation, 2012, 17(12): 4831-4845.

[40] BOLAJI A L, AL-BETAR M A, AWADALLAH M A, et al. A comprehensive review: krill herd algorithm (KH) and its applications[J]. Applied Soft Computing, 2016, 49: 437-446.

[41] ZHAO W G, ZHANG Z, WANG L. Manta ray foraging optimization: an effective bio-inspired optimizer for engineering applications[J]. Engineering Applications of Artificial Intelligence, 2020, 87: 103300.

[42] EUSUFF M M, LANSEY K E. Optimization of water distribution network design using the shuffled frog leaping algorithm[J]. Journal of Water Resources Planning and Management, 2003, 129 (3): 210-225.

[43] EUSUFF M M, LANSEY K E, PASHA F. Shuffled frog-leaping algorithm: a memetic meta-heuristic for discrete optimization[J]. Engineering Optimization, 2006, 38(2): 129-154.

[44] 王亚敏. 蛙跳算法的研究与应用 [D]. 北京：北京工业大学，2009：9-12.

[45] CHU S A, TSAI P W, PAN J S. Cat swarm optimization[C]//PRICAI 2006: Trends in Artificial Intelligence: 9th Pacific Rim International Conference on Artificial Intelligence Guilin, China, August 7-11, Springer Berlin Heidelberg, LNCS 4099, 2006: 854-858.

[46] TSAI P W, PAN J S, CHEN S M, et al. Parallel cat swarm optimization[C]//2008 International Conference on Machine Learning and Cybernetics, IEEE, 2008, 6: 3328-3333.

[47] YANG C G, TU X Y, CHEN J. Algorithm of marriage in honey bees optimization based on the wolf pack search[C]// Proceedings of 2007 International Conference on Intelligent Pervasive Computing, Jeju City, IEEE Computer Society, 2007: 462-467.

[48] LIU C A, YAN X, LIU C, et al. The wolf colony algorithm and its application[J]. Chinese Journal of Electronics, 2011, 20(2): 212-216.

[49] 吴虎胜，张凤鸣，吴庐山. 一种新的群体智能算法：狼群算法 [J]. 系统工程与电子技术，2013，35（11）：2430-2438.

[50] ZHAO R Q, TANG W S, Monkey algorithm for global numerical optimization[J]. Journal of Uncertain Systems, 2008, 2(3): 165-176.

[51] ZHOU Y Q, CHEN X, ZHOU G. An improved monkey algorithm for a 0-1 knapsack problem[J]. Applied Soft Computing, 2016, 38(C): 817-830.

[52] WANG G G, DEB S, COELHO L S. Elephant herding optimization[C]//2015 3rd International Symposium on Computational and Business Intelligence (ISCBI), IEEE, 2015: 1-5.

[53] LI J, LEI H, ALAVI A H, et al. Elephant herding optimization: variants, hybrids, and applications[J]. Mathematics, 2020, 8(9): 1415.

[54] WANG L Y, CAO Q, ZHANG Z, et al. Artificial rabbits optimization: a new bio-inspired meta heuristic algorithm for solving engineering optimization problems [J]. Engineering Applications of Artificial Intelligence, 2022, 114: 105082.

[55] AWADALLAH M A, BRAIK M S, AL-BETAR M A, et al. An enhanced binary artificial rabbits optimization for feature selection in medical diagnosis[J]. Neural Computing and Applications, 2023, 35(27): 20013-20068.

[56] NARUEI I, KEYNIA F. Wild horse optimizer: a new metaheuristic algorithm for solving engineering optimization problems[J]. Engineering with Computers, 2022, 38(S4): S3025-S3056.

[57] POŁAP D, WOŹNIAK M. Polar bear optimization algorithm: meta-heuristic with fast population movement and dynamic birth and death mechanism[J]. Symmetry, 2017, 9(10): 203.

[58] DHIMAN G, KUMAR V. Spotted hyena optimizer: a novel bio-inspired based metaheuristic technique for engineering applications[J]. Advances in Engineering Software, 2017, 114: 48-70.

[59] YANG X S. A new metaheuristic bat-inspired algorithm [C]//Nature Inspired Cooperative Strategies for Optimization, Studies in Computational Intelligence. Berlin: Springer, 2010: 65-74.

[60] 徐嘉豪. 基于蝙蝠算法的蛋白质网络功能模块检测方法研究 [D]. 北京：北京工业大学，2019：13-14.

[61] MIRJALILI S, MIRJALILI S M, YANG X S. Binary bat algorithm[J]. Neural Computing and Applications, 2014, 25(3): 663-681.

[62] MIRJALILI S, LEWIS A. The whale optimization algorithm[J]. Advances in Engineering Software, 2016, 95: 51-67.

[63] GHAREHCHOPOGH F S, GHOLIZADEH H. A comprehensive survey: whale optimization algorithm and its applications[J]. Swarm and Evolutionary Computation, 2019, 48: 1-24.

[64] PASSINO K M. Biomimicry of bacterial foraging for distributed optimization and control[J]. IEEE Control System, 2002, 22(3): 52-67.

[65] YANG C, JI J, LIU J, et al. Bacterial foraging optimization using novel chemotaxis and conjugation strategies[J]. Information Sciences, 2016, 363: 72-95.

[66] LI M D, ZHAO H, WENG X W, et al. A novel nature-inspired algorithm for optimization: virus colony search[J]. Advances in Engineering Software, 2016, 92: 65-88.

[67] ABDEL-BASSET M, SHAWKY L A. Flower pollination algorithm: a comprehensive review[J]. Artificial Intelligence Review, 2019, 52: 2533-2557.

[68] YANG X S. Flower pollination algorithm for global optimization[C]//International conference on unconventional computing and natural computation. Berlin, Heidelberg: Springer Berlin Heidelberg, 2012: 240-249.

[69] 吴红岩. 花授粉算法及其应用研究 [D]. 北京：北京工业大学，2018：7-10.

[70] WOLPERT D H, MACREADY W G. No free lunch theorems for optimization[J]. IEEE Transactions on Evolutionary Computation, 1997, 1(1): 67-82.

[71] DEHGHANI M, MONTAZERI Z, TROJOVSKÁ E, et al. Coati optimization algorithm: a new bio-inspired metaheuristic algorithm for solving optimization problems[J]. Knowledge-Based Systems, 2023, 259: 110011.

[72] ABDEL-BASSET M, MOHAMEDA R, JAMEEL M, et al. Nutcracker optimizer: a novel nature-inspired metaheuristic algorithm for global optimization and engineering design problems[J]. Knowledge-Based Systems, 2023, 262: 110248.

[73] SEYYEDABBASI A, KIANI F. Sand cat swarm optimization: a nature-inspired algorithm to solve global optimization problems[J]. Engineering with Computers, 2023, 39(4): 2627-2651.

[74] EL-KENAWY E, KHODADADI N, MIRJALILI S, et al. Greylag goose optimization: nature-inspired optimization algorithm[J]. Expert Systems with Applications, 2024, 238: 122147.

[75] HAN M, DU Z, YUEN K, et al. Walrus optimizer: a novel nature-inspired metaheuristic algorithm[J]. Expert Systems with Applications, 2024, 239: 122413.

[76] TIAN A, LIU F, LV H. Snow geese algorithm: a novel migration-inspired meta-heuristic algorithm for constrained engineering optimization problems[J]. Applied Mathematical Modelling, 2024, 126: 327-347.

图表列表和说明

前言

图 0.1：利用已学的矩形面积方法求五边形的面积，作者绘制。

图 0.2：中国象棋程序，作者课题组开发的中国象棋程序截图。

图 0.3：围棋程序，作者课题组开发的围棋程序截图。

一、昆虫篇

图 1.1：蚁群觅食示意图，作者绘制。

图 1.2：蚁群拾尸示意图，作者绘制。

图 1.3：一只正在专心采蜜的蜜蜂，冯洁拍摄。

图 1.4：蜜蜂舞姿示意图，作者绘制。

图 1.5：萤火虫通过闪光信号进行聚集示意图，作者绘制。

图 1.6：正在饮食花蜜的蝴蝶，张硕使用人工智能软件自动生成。

图 1.7：一只正在长叶植物上休息的红蜻蜓，郑晓红拍摄。

图 1.8：蜻蜓的静态聚集和动态聚集示意图，作者绘制。

图 1.9：蜻蜓的 5 种行为模型示意图，作者绘制。

图 1.10：飞蛾的两种飞行，作者绘制。

图 1.11：一只正在绿叶上休息的果蝇，北京工业大学陈帆老师拍摄。

图 1.12：果蝇觅食过程示意图，作者绘制。

二、鸟类篇

图 2.1：家里养的 3 只虎皮鹦鹉和一对牡丹鹦鹉，作者拍摄。

图 2.2：大雁飞行的队形示意图，北京工业大学胡利明老师拍摄。

图 2.3：在路上捡食的麻雀，北京工业大学廖宗霖老师拍摄。

图 2.4：在树上四处窥探的布谷鸟，邹爱笑使用人工智能软件自动生成。

图 2.5：一只正在树枝上休息的乌鸦，北京工业大学陈帆老师拍摄。

图 2.6：一只母鸡领着一群小鸡过马路，郑安骏拍摄。

图 2.7：一对正在山顶争食的老鹰，郑安骏拍摄。

图 2.8：欲展翅高飞的海鸥，郑安骏拍摄。

图 2.9：海鸥的攻击和漂移示意图，作者绘制。

三、鱼虾篇

图 3.1：湿地公园中聚集觅食的一群锦鲤鱼，北京工业大学陈帆老师拍摄。

图 3.2：正在水草上休息的一只小河虾，作者拍摄。

图 3.3：当前个体的邻居确定示意图，作者绘制。

图 3.4：一条在海水中捕食的蝠鲼，冀予使用人工智能软件自动生成。

四、两栖动物篇

图 4.1：一只在荷叶上休息的小青蛙，陈宇征拍摄。

五、哺乳动物篇

图 5.1：一只在院中纳凉的黄色虎皮猫，北京工业大学廖宗霖老师拍摄。

图 5.2：雪地中正在驻足观望的一匹狼，冀予使用人工智能软件自动生成。

图 5.3：动物园中的一对金丝猴，北京工业大学陈帆老师拍摄。

图 5.4：一头正在吃食的亚洲象，梁栋拍摄。

图 5.5：几只正在地上休息的长毛兔，北京工业大学杨淇善老师拍摄。

图 5.6：一群正在休息的野马，梁栋拍摄。

图 5.7：几只憨态可掬的大熊猫，张旗拍摄。

图 5.8：一只正在找食的黑熊，梁栋拍摄。

图 5.9：在洞口晒太阳的大棕熊，梁栋拍摄。

图 5.10：一只正在嚎叫的北极熊，郭星彤拍摄。

图 5.11：北极熊觅食的搜索方式示意图，作者绘制。

图 5.12：一只警觉观望的斑点鬣狗，冀予使用人工智能软件自动生成。

图 5.13：斑点鬣狗捕猎团队的围捕示意图，作者绘制。

图 5.14：一只倒挂的巨型蝙蝠，北京工业大学杨淇善老师拍摄。

图 5.15：蝙蝠捕食原理示意图，作者绘制。

图 5.16：一头在水中嬉戏玩耍的白鲸，作者拍摄。

图 5.17：鲸发泡网捕食行为示意图，作者绘制。

六、微生物篇

图 6.1：大肠埃希菌的外形示意图，博士生王星宇绘制。

图 6.2：病毒在细胞环境内的生长过程示意图，博士生王星宇绘制。

七、植物篇

图 7.1：办公室盛开的杜鹃花，作者拍摄。

图 7.2：传粉者与授粉类型示意图，作者绘制。

八、结语篇

图 8.1：生物、群体行为及其群智能算法，作者绘制，其中的动物小图标源于 icons8.com。授权页：https://igoutu.cn/license。

图 8.2：群智能算法流程中的求解机制，作者绘制。

图 8.3：一个班级学生在一起学习的过程，作者绘制。

[另]

表 8.1：本书涉及的生物、群体行为及其启发的智能算法，作者编制。

[图片致谢]

在本书中，除作者本人拍摄、绘制的图片外，其余图片来源于作者的亲友（陈帆、梁栋、冯洁、冀予、张硕）、同学及其亲人（郑晓红、郑安骏）、同事（廖宗霖、胡利明、陈宇征、杨淇善）、研究生（张旗、王星宇、邹爱笑）、本科生（郭星彤），具体图片署名情况见上。在此，衷心感谢他们为本书提供精美图片并授权使用，此外还要感谢其他许多亲友的支持和帮助。